# 钢结构防火涂料

王金平 编著

GANGJIEGOU
FANGHUO TULIAO

化学工业出版社

·北京·

本书对防火涂料的分类、钢结构的防火机理、钢结构防火保护方法、各类钢结构防火涂料的现状和组成等进行了概述，对与构成结构防火涂料的成膜物、发泡组分、颜填料、溶剂和助剂等进行了详细介绍，同时重点阐述了钢结构防火涂料的配方设计、生产工艺及设备、检测方法，钢结构防火涂料的选用、表面处理、施工、检测，产品和各环节面临的问题和解决方案，国内国际常用标准等内容。

　　本书可供生产、研发、应用涂料的生产厂家、施工单位、研究单位以及建筑防火设计、消防管理的技术人员参考，也可供相关专业师生参考。

**图书在版编目（CIP）数据**

钢结构防火涂料/王金平编著. —北京：化学工业
出版社，2017.1
　ISBN 978-7-122-28298-9

　Ⅰ. ①钢… Ⅱ. ①王… Ⅲ. ①钢结构-防火涂料
Ⅳ. ①TU545

中国版本图书馆 CIP 数据核字（2016）第 250008 号

---

责任编辑：张　艳　靳星瑞　　　　　　　文字编辑：陈　雨　张瑞霞
责任校对：边　涛　　　　　　　　　　　装帧设计：韩　飞

---

出版发行：化学工业出版社（北京市东城区青年湖南街 13 号　邮政编码 100011）
印　　装：北京虎彩文化传播有限公司
710mm×1000mm　1/16　印张 10¾　字数 171 千字　2017 年 3 月北京第 1 版第 1 次印刷

---

购书咨询：010-64518888　　　　　　　售后服务：010-64518899
网　　址：http://www.cip.com.cn
凡购买本书，如有缺损质量问题，本社销售中心负责调换。

---

定　　价：48.00 元　　　　　　　　　　　版权所有　违者必究

# 前言
## FOREWORD

随着我国经济的飞速发展，大量的超高层建筑、工业厂房、大跨度公共场所等钢结构建筑拔地而起，钢结构产业的崛起促进了防火涂料的振兴。

钢结构防火涂料作为涂料的一大分支，对其应用是钢结构的防火保护最常用的技术手段，发展趋势良好。行业中存在的问题随着技术的发展、人文意识的提升、法制的完善将逐步解决。

笔者与涂料结缘已有近 20 载，2004 年研制钢结构防火涂料至今，从一无所知开始，幸得中国建筑科学研究院李引擎、陈景辉以及技术专家周利、朱福贵等专家的帮助，得以开展工作，中国建筑科学研究院马道贞高工更将学识不吝传授，指点迷津，终于对涂料研发、生产制备、检测、行业发展有了简单的认识，了解了部分应遵循的法规标准，感觉这些对于行业相关工作的开展非常重要，今有良机，能动笔此书，几欲倾囊相授，以飨读者。

书稿部分领域非本人熟知，又需借助同行的经验、学识汇编成册，在此表示感谢。无奈时间仓促，篇幅有限，必然有疏漏和不当之处，敬请指教！笔者邮箱 wangjinping@126.com。

王金平
2016 年 12 月于中国建筑科学研究院

# 目录
CONTENTS

**第一章　绪论**　　　　　　　　　　　　　　　　　　　　　1

第一节　定义及分类 ……………………………… 1
　　一、厚型钢结构防火涂料 ………………… 2
　　二、薄型钢结构防火涂料 ………………… 2
　　三、超薄型钢结构防火涂料 ……………… 2

第二节　作用机理 ………………………………… 3
　　一、钢结构防火 …………………………… 3
　　二、防火保护原理 ………………………… 3
　　三、钢结构防火保护方法 ………………… 4
　　四、防火机理 ……………………………… 4

第三节　现状 ……………………………………… 5
　　一、厚型钢结构防火涂料 ………………… 5
　　二、薄型钢结构防火涂料 ………………… 6
　　三、超薄型钢结构防火涂料 ……………… 7

第四节　组成 ……………………………………… 8
　　一、厚型钢结构防火涂料 ………………… 8
　　二、水性膨胀型钢结构防火涂料 ………… 9
　　三、溶剂型膨胀型钢结构防火涂料 ……… 9

**第二章　成膜物**　　　　　　　　　　　　　　　　　　　11

第一节　引言 ……………………………………… 11
第二节　无机物基料 ……………………………… 11
　　一、水玻璃 ………………………………… 12
　　二、硅溶胶 ………………………………… 12

　　　三、水泥 …………………………… 13

　　　四、磷酸盐 …………………………… 13

　　　五、石膏 …………………………… 14

　　第三节　聚合物乳液类基料 …………………… 14

　　　一、聚合物乳液的性能 …………………… 14

　　　二、丙烯酸酯乳液 ……………………… 18

　　　三、水性醇酸树脂 ……………………… 18

　　　四、氯偏乳液 …………………………… 19

　　第四节　溶剂型树脂 …………………………… 19

　　　一、溶剂型树脂的性能 …………………… 19

　　　二、溶剂型树脂的分类 ………………… 20

## 第三章　发泡组分　　27

　　第一节　发泡原理 ……………………………… 27

　　　一、物理发泡 …………………………… 27

　　　二、化学发泡 …………………………… 27

　　第二节　膨胀阻燃剂 …………………………… 28

　　　一、可膨胀石墨 ………………………… 28

　　　二、膨胀阻燃体系 ……………………… 29

## 第四章　颜填料　　34

　　第一节　引言 …………………………………… 34

　　第二节　颜填料 ………………………………… 34

　　　一、颜料 ………………………………… 34

　　　二、颜料的分类 ………………………… 36

　　　三、填料 ………………………………… 39

　　第三节　阻燃填料 ……………………………… 42

　　　一、卤系阻燃剂 ………………………… 42

　　　二、无机阻燃剂 ………………………… 43

## 第五章　溶剂和助剂 48

第一节　溶剂…………………………………………… 48

一、溶剂的作用………………………………… 48

二、溶剂的品种及分类………………………… 48

三、溶剂的基本性能…………………………… 49

四、钢结构防火涂料常用溶剂………………… 52

五、稀释剂……………………………………… 55

第二节　助剂…………………………………………… 55

一、润湿分散剂………………………………… 55

二、流平剂……………………………………… 56

三、消泡剂……………………………………… 56

四、流变剂……………………………………… 57

五、防霉防腐剂………………………………… 58

六、增稠剂……………………………………… 58

七、成膜助剂…………………………………… 59

八、光稳定剂…………………………………… 59

九、增塑剂……………………………………… 60

十、防冻剂……………………………………… 60

十一、防沉剂…………………………………… 60

## 第六章　配方设计 61

第一节　配方设计原则………………………………… 61

一、一般原则…………………………………… 61

二、基本程序…………………………………… 63

三、成本分析…………………………………… 64

第二节　非膨胀型钢结构防火涂料…………………… 64

一、常见厚涂型钢结构防火涂料……………… 64

二、部分非膨胀型钢结构防火涂料专利……… 65

第三节　水性膨胀型钢结构防火涂料………………… 67

　　　　　一、常见水性膨胀型钢结构防火涂料………68

　　　　　二、部分水性膨胀型钢结构防火涂料

　　　　　　　专利……………………………………68

　　第四节　溶剂型膨胀型钢结构防火涂料……………71

　　　　　一、常见溶剂型膨胀型钢结构防火涂料……72

　　　　　二、部分溶剂型膨胀型钢结构防火涂料

　　　　　　　专利……………………………………72

# 第七章　生产工艺及设备　　75

　　第一节　生产工艺……………………………………75

　　　　　一、生产………………………………………75

　　　　　二、研发………………………………………76

　　第二节　分散设备……………………………………77

　　　　　一、生产设备…………………………………77

　　　　　二、实验分散设备……………………………81

# 第八章　检测方法　　82

　　第一节　理化测试……………………………………82

　　　　　一、相关标准…………………………………82

　　　　　二、钢结构防火涂料物理性能试验………88

　　　　　三、钢结构防火涂料耐化学性能试验

　　　　　　　方法……………………………………90

　　　　　四、钢结构防火涂料力学性能试验方法……92

　　　　　五、耐候性试验………………………………93

　　　　　六、其他检测…………………………………93

　　第二节　耐火测试……………………………………95

　　　　　一、升温曲线…………………………………95

　　　　　二、国家标准…………………………………95

　　　　　三、小型试验炉………………………………97

　　　　　四、模拟大板测试方法………………………98

五、小板背面受火燃烧法……………… 99
第三节　厚度测定方法……………………… 99
　一、测针与测试图 ……………………… 100
　二、测点选定 …………………………… 101
　三、测量结果 …………………………… 101
第四节　认证体系 ………………………… 102
　一、强制性产品认证实施规则 ………… 102
　二、强制性产品认证实施细则 ………… 109

第九章　涂料的选用和施工　110

第一节　涂料的选用 ……………………… 110
　一、钢结构防火要求 …………………… 110
　二、不同建筑的选用类型 ……………… 116
　三、钢结构防火涂料的厚度 …………… 119
第二节　钢结构表面处理 ………………… 124
　一、基材的处理 ………………………… 124
　二、表面处理的对象 …………………… 126
　三、表面处理的标准 …………………… 126
第三节　涂料的施工 ……………………… 128
　一、施工工艺 …………………………… 128
　二、常用的施工方法 …………………… 132
　三、涂膜的弊病 ………………………… 136
　四、成品保护 …………………………… 137
　五、安全环保措施 ……………………… 138
第四节　工程验收 ………………………… 138
　一、工程验收一般规定 ………………… 138
　二、验收方法 …………………………… 141
　三、验收标准 …………………………… 141
　四、验收项目 …………………………… 141
第五节　防锈漆和保护面漆 ……………… 142
　一、防锈漆 ……………………………… 142

二、保护面漆 ･････････････････････････････ 144

第十章　涂料的进展　145

第一节　面临的问题 ･･･････････････････････ 145
一、毒性 ･･･････････････････････････････ 145
二、耐久性 ･･･････････････････････････････ 146
三、正确选用 ･････････････････････････････ 146
四、涂料生产 ･････････････････････････････ 146
五、涂料施工 ･････････････････････････････ 146
六、涂料监督 ･････････････････････････････ 146
七、涂料检测 ･････････････････････････････ 147
第二节　发展前景 ･････････････････････････ 147
一、行业前景 ･････････････････････････････ 147
二、技术前景 ･････････････････････････････ 147
三、标准体系 ･････････････････････････････ 148

第十一章　钢结构防火涂料的标准　149

一、法规 ･･･････････････････････････････ 149
二、国标 ･･･････････････････････････････ 149
三、行标 ･･･････････････････････････････ 150
四、地标 ･･･････････････････････････････ 150
五、图集 ･･･････････････････････････････ 151

附录　全国部分钢结构防火涂料生产企业名录　152

参考文献　161

# 第一章

# 绪 论

## 第一节 定义及分类

防火涂料是一种功能型建筑涂料，施涂于可燃性材料、建筑及构件、设备及部件表面，对基材进行装饰、保护。涂层的阻燃特性，能够在一定的时间内抑制火焰的蔓延，对相关组件起到防火保护的作用，以免在火灾中受损。

按照阻燃机理不同，防火涂料可以分为膨胀型和非膨胀型防火涂料两大类；按应用环境不同，可分为室内及室外用防火涂料；按分散介质不同，可分为水基性防火涂料和溶剂型防火涂料；按照保护对象不同，可以分为电缆防火涂料、饰面型防火涂料、钢结构防火涂料、预应力混凝土防火涂料；按基料组成不同，可分为无机防火涂料和有机防火涂料。

施涂于建筑及构筑物的钢结构表面，能形成耐火隔热保护层以提高钢结构耐火极限的涂料被称为钢结构防火涂料，《钢结构防火涂料》（GB 14907—2002）对其进行了定义和分类，根据使用厚度不同，钢结构防火涂料被分为厚型、薄型、超薄型。可参见表 1-1。

表 1-1　钢结构防火涂料分类

| 类型 | 厚型 | 薄型 | 超薄型 |
| --- | --- | --- | --- |
| 涂层厚度/mm | 7～45 | 3～7 | 3mm 及以下 |

钢结构防火涂料也可以根据使用环境、分散介质、阻燃机理进行相应的划分。

## 一、厚型钢结构防火涂料

厚型钢结构防火涂料按照阻燃机理划分，属于非膨胀型无机防火涂料，一般是水溶性，涂层表面呈粒状，密度较小，热导率低，耐热性、隔热性好，遇火不燃、不发烟，具有原料易得、价格低廉、制备简单、施工方便、着色容易、无毒等优点，耐火极限可达 0.5～3.0h 以上，耐火极限要求在 2h 以上的钢结构一般采用此类防火涂料，在我国部分省市要求耐火极限在 2h 以上的钢结构禁止使用其他类型防火涂料。

这类涂料通过涂层自身的难燃性和不燃性，同时在火焰或高温下能释放出灭火性气体，并形成不燃性的无机层隔绝空气，以防止或延滞被涂物着火燃烧。

厚型钢结构防火涂料的组分多为无机材料，防火性能稳定，耐久性好，但其涂料组分的颗粒较大，涂层外观不光滑，影响建筑的外观美感，因此大多用于结构隐蔽工程、室内承重柱等钢结构。

对于石化系统、核电站及裸露钢结构等的防火保护，均需选择室外型钢结构防火涂料；对于一般工业厂房中的隐蔽钢结构，可选用室内型钢结构防火涂料；如果想提高室内钢结构的安全性，可考虑性能略好的室外钢结构防火涂料。

## 二、薄型钢结构防火涂料

薄型钢结构防火涂料为膨胀型防火涂料的一种，一般是水溶性，其装饰性优于厚型防火涂料，高温时膨胀，形成炭质层，耐火隔热，耐火极限可达 0.5～2.5h，要求耐火极限在 2h 以内的钢结构一般选用此类防火涂料。

薄型钢结构防火涂料在我国经过 30 多年的发展，被广泛应用于工业及民用建筑钢结构的防火保护，曾占有很大的市场份额，随着超薄型钢结构防火涂料的出现，比例逐渐缩小。

## 三、超薄型钢结构防火涂料

超薄型钢结构防火涂料也属于膨胀型防火涂料，可分为水溶性和溶剂型两类，前者具有低毒、无污染、室温自干等特点，耐水性差，适用于干燥场所。

　　超薄型钢结构防火涂料涂层很薄、装饰性最好、施工方便，各种工程多采用该类型防火涂料进行防火保护。可用于一类建筑物中的梁、楼板与屋顶承重构件，及二类建筑中的柱、梁、楼板等。特别适合飞机场、会展中心、体育馆等建筑物的轻钢结构（如轻型钢屋架）、网架、压型钢板及屋面板等防火与装饰的要求，在西欧、日本和北美地区得到越来越广泛的应用。

　　近年来，超薄型钢结构防火涂料以其优越的装饰性、实用性、多功能性而备受青睐，尤其是直接暴露在环境中的钢结构，几乎全部都采用超薄型钢结构防火涂料。

## 第二节　作用机理

### 一、钢结构防火

　　钢结构自重轻、强度高、跨度大、空间大、抗震性能好、吊装施工方便和建设时间短，在现代建筑业得到广泛应用。钢材作为一种不燃建筑材料，在火灾高温作用下，其力学性能如屈服强度、抗拉强度及弹性模量等随温度升高而降低，在 $450 \sim 650℃$ 更会急剧下降，失去承载能力，形变巨大，导致钢柱、钢梁弯曲，建筑坍塌，一般不加保护的钢结构耐火极限为 15min 左右。

　　2001 年 9 月 11 日，美国纽约的世界贸易大厦在恐怖袭击中，伴随火灾蔓延，主楼仅经过 30min 便轰然倒塌，造成了死亡 2797 人、损失 360 亿美元的举世震惊惨案；2003 年我国青岛市的正大食品厂钢结构厂房发生特大火灾，造成厂房大面积倒塌，20 多名工人葬身火海，因此钢结构建筑必须采取有效的防火保护措施，提高钢结构的耐火极限，在火灾中使其能保持稳定性，防止钢结构迅速升温，失去支撑力，造成形变塌落。

### 二、防火保护原理

　　钢结构主要通过截流、疏导进行防火保护。设置屏障，阻隔火焰或高温，以免其接触钢构件；通过吸热材料，转移传递给钢材的热量；用绝热材料保护钢构件，阻断外界的热量传递。

## 三、钢结构防火保护方法

① 外包层。在钢结构外部添加外包层，可以现浇成型，也可以采用喷涂法。现浇成型的实体混凝土外包层通常用钢丝网或钢筋提高强度，防止裂缝。喷涂法可以在现场对钢结构表面涂抹石灰水泥或石膏砂浆，其中可以掺入珍珠岩或石棉。同时外包层也可以用珍珠岩、石棉、石膏或石棉水泥、轻混凝土做成预制板，采用胶黏剂、钉子、螺栓等固定在钢结构上。

② 充水。空心型钢结构内充水可以有效抵御火灾，通过水在钢结构内的循环，吸收产生的热量，使钢结构保持低温，而受热的水经冷却后可以循环使用。

③ 屏蔽。钢结构设置在耐火材料组成的墙体或顶棚内，只要增加少许耐火材料甚至不增加即能达到防火的目的。

④ 防火涂料。钢结构防火涂料防火隔热性能好、施工不受钢结构几何形体限制，一般不需要添加辅助设施，且涂层质量轻，还有一定的美观装饰作用。

相比之下，在钢构件上直接喷涂防火涂料最为实用、简捷方便。

## 四、防火机理

按照防火原理，防火涂料可分为膨胀型和非膨胀型两类。

（1）膨胀型防火涂料

膨胀型防火涂料成膜后，在火焰或高温作用下，涂层发泡炭化，形成海绵状炭质层，它可以隔断外界火源对底材的直接加热，从而起到阻燃作用。

其发泡形成隔热层的过程为：防火涂料发泡炭化，涂层厚度剧增，为原涂膜的几十倍甚至上百倍，涂层热导率大幅度减小。因此，通过炭质层传给保护基材的热量只有未膨胀涂层的几十分之一，甚至几百分之一，从而有效阻止钢结构受热变形。同时涂层的软化、熔融、蒸发、膨胀等物理变化，及聚合物、填料等组分发生的分解、解聚化合等化学变化也能吸收大量的热能，延缓基材的受热升温过程。

另外，炭质层的形成，避免了氧化放热反应的发生，不燃性气体还能稀释可燃气体及氧气的浓度，抑制燃烧的进行。

（2）非膨胀型防火涂料

非膨胀型防火涂料通过以下三种方法对钢结构起到保护作用：

① 涂层自身具备的难燃性或不燃性；

② 在火焰或高温作用下分解释放出不燃性气体（如水蒸气、氯化氢、二氧化碳等），驱散氧气和可燃性气体，阻碍燃烧进程；

③ 在火焰或高温作用下形成不燃性的无机釉膜层，结构致密，能有效地隔绝氧气，并在较长时间内隔绝热量。

## 第三节　现　状

钢结构在建筑中使用了 100 多年后，于 1889 年迎来了鼎盛代表作，即第一座钢铁结构高塔——法国埃菲尔铁塔。慢慢地，钢结构发展成现代空间构筑的主流，被广泛应用于超高层建筑、大跨度空间结构等工程建设中。从纽约帝国大厦、人民大会堂、上海东方明珠电视塔到"鸟巢"，都是钢结构建筑的典范之作，目前美国、日本的钢结构建筑已经占到全部建筑总量的一半以上，而我国钢结构建筑不到全部建筑的 10%。

伴随着钢结构建筑的兴起，防火安全意识的提高，钢结构防火涂料得到发展，从 20 世纪 30 年代，国外开始了钢结构防火涂料的研究，国内稍稍滞后，从 20 世纪 80 年代逐渐开发，发展到现在，钢结构防火涂料被广泛认可，品种繁多，已应用于各类场所。

### 一、厚型钢结构防火涂料

厚型钢结构防火涂料发展至今，已经相对成熟，据有关数据显示，我国目前 200 多家有关的生产企业中，生产厚型防火涂料的约占 50%，生产薄型防火涂料的约占 30%，只有 20% 左右的企业生产超薄型防火涂料。

国内市场比较知名的厚型钢结构防火涂料产品及厂家见表 1-2。

表 1-2　厚型钢结构防火涂料厂家

| 生产厂家 | 名称 | 厚度/mm | 耐火极限/min |
|---|---|---|---|
| 北京赛格斯科技有限公司（英国 Grace Construction Product） | NH（MK-6/HY）厚型钢结构防火涂料 | 25 | 180 |
| 四川西卡柯帅建筑材料有限公司 | WH（Sikacrete 50160 Unitherm）室内厚型钢结构防火涂料 | 26 | 180 |

续表

| 生产厂家 | 名称 | 厚度/mm | 耐火极限/min |
|---|---|---|---|
| 韩国新盛国际贸易有限公司 | WH（Promat Cafco FENDOLITE MII）室外厚型钢结构防火涂料 | 24 | 180 |
| 四国化研(上海)有限公司 | NH(SKK)厚型钢结构防火涂料 | 24 | 180 |
| 四川天府防火材料有限公司 | NH(LG)室内厚型钢结构防火涂料 | 23 | 180 |
| 江苏兰陵高分子材料有限公司 | NH(LG)室内厚型钢结构防火涂料 | 26 | 180 |
| 北京金隅涂料有限责任公司 | NH(STI-A)室内厚型钢结构防火涂料 | 24 | 180 |
| 北京茂源防火材料厂 | WH(JF-202)室外厚型钢结构防火涂料 | 23 | 180 |
| 北京城建天宁防火材料有限公司 | NH(TN-LS)厚型钢结构防火涂料 | 23 | 180 |

## 二、薄型钢结构防火涂料

薄型钢结构防火涂料被应用在北京亚运会体育馆、西昌卫星发射中心、上海浦东国际机场等建筑的钢结构工程上。国外对此类钢结构防火涂料的报道较少。薄型钢结构防火涂料比较知名的产品及厂家见表1-3。

表1-3　薄型钢结构防火涂料厂家

| 生产厂家 | 名称 | 厚度/mm | 耐火极限/min |
|---|---|---|---|
| 阿克苏诺贝尔装饰漆有限公司（荷兰） | WB(chartek 1709)室外薄型钢结构防火涂料 | 4.7 | 125 |
| 福建省华强涂料工业有限公司 | WB(BGW-90)室外薄型钢结构防火涂料 | 4.6 | 150 |
| 北京飞虹网架制造中心 | WB(FH-05)室外薄型钢结构防火涂料 | 4.5 | 168 |
| 北京茂源防火材料厂 | NB(JF-206)室内薄型钢结构防火涂料 | 5.3 | 150 |
| 福建福日特种材料有限公司 | NB(FB)室内薄型钢结构防火涂料 | 4.7 | 150 |
| 四川天府防火材料有限公司 | NB(SNB)室内薄型钢结构防火涂料 | 4.6 | 150 |

## 三、超薄型钢结构防火涂料

我国自行研发的前两种涂料，目前在耐火极限性能上已经和发达国家的产品接近，而高性能超薄型钢结构防火涂料还有进步空间。

超薄型钢结构防火涂料比较知名的产品及厂家见表1-4。本书附录中列有全国部分防火涂料企业及产品目录，可作参考。

表 1-4　超薄型钢结构防火涂料厂家

| 生产厂家 | 名称 | 厚度/mm | 耐火极限/min |
|---|---|---|---|
| 阿克苏诺贝尔防护涂料（苏州）有限公司 | WCB(Interchar 1983)室外超薄型钢结构防火涂料 | 2.12 | 108 |
| | NCB(Interchar 1120)室内超薄型钢结构防火涂料 | 2.14 | 130 |
| 四国化研（上海）有限公司 | NCB(SKK)室内超薄型钢结构防火涂料 | 2.11 | 84 |
| 西卡（中国）有限公司 | (Sika Unitherm 38091 exterior)室外超薄型钢结构防火涂料 | 1.99 | 120 |
| 德国西卡有限公司 | Pyroplast-ST200(WCB)室外超薄型钢结构防火涂料 | 2.18 | 132 |
| 立邦涂料（中国）有限公司 | NCB(TAIKALITT S-100)室内超薄型钢结构防火涂料 | 2.18 | 120 |
| 佐敦涂料（张家港）有限公司 | NCB(Steelmaster 60/120)室内超薄型钢结构防火涂料 | 2.03 | 120 |
| | WCB(Steelmaster 120 SB)室外超薄型钢结构防火涂料 | 2.05 | 120 |
| 庞贝捷涂料（昆山）有限公司 | WCB(Steelguard FM 550)室外超薄型钢结构防火涂料 | 1.99 | 120 |
| 江苏冠军涂料科技集团有限公司 | (NCB)GJ-01室内超薄型钢结构防火涂料 | 2.13 | 102 |
| 中航百慕新材料技术工程股份有限公司 | NCB(GJ-3)室内超薄型钢结构防火涂料 | 1.86 | 60 |
| 北京茂源防火材料厂 | NCB(JF-203)室内超薄型钢结构防火涂料 | 2.09 | 120 |
| 山东圣光化工集团有限公司 | WCB-1室外超薄型钢结构防火涂料 | 2.15 | 120 |

## 第四节　组　成

钢结构防火涂料的组分包括成膜物（亦即黏结剂、基料）、阻燃剂、颜填料、溶剂及其他助剂等。

### 一、厚型钢结构防火涂料

厚型钢结构防火涂料是一种非膨胀型的防火涂料，它的组分包括难燃或不燃性树脂、阻燃剂、填料等。

无机防火涂料刚出现时，外观呈灰泥状，通过刮涂的方式对钢结构进行保护。截至目前，品种已经呈现多样化，利用材料的不燃隔热性、吸热性，保护钢结构。

#### 1. 成膜物

非膨胀型钢结构防火涂料的黏结剂大部分是无机聚合物，包括硅溶胶、水玻璃（硅酸钠、硅酸钾、硅酸锂等）、磷酸盐、耐火水泥等。

硅酸盐水玻璃形成的无机防火涂料，成膜物不燃，配以隔热的阻燃剂，燃烧时无有毒气体和烟雾，耐火性能优良，成本低，来源广，容易生产使用，无污染。缺点是耐水性差，可通过改性提高性能，将在后边章节详细介绍。

#### 2. 阻燃剂

非膨胀型钢结构防火涂料常用的阻燃剂包括卤系阻燃剂（氯化石蜡、溴联苯醚）、磷系阻燃剂（磷酸三氯乙醛酯），另外还有锑系（三氧化二锑）、硼系（硼酸、硼砂、硼酸锌、硼酸铝、偏硼酸钡）、锆系（氧化锆）等，通常可将三氧化二锑与含卤的树脂配合应用以提高阻燃性能。

无机颜填料能增加涂层的阻燃性，通常是一些耐火的矿物，通常包括云母粉、滑石粉、石棉粉、高岭土、碳酸钙、硅灰石粉、膨润土、钛白粉等。

#### 3. 助剂

非膨胀型钢结构防火涂料中常用的助剂是水泥促固剂。由于水泥固化速度慢，用于防火涂料时必须加入适量的促固剂，以满足涂料性能要求，促固剂应在涂料粉料中加入，而后与水混合，可以避免粉料结团、水泥强度降低或失效。

涂料中有大量相对密度较大的微细粉料和相对密度小的隔热材料，为使涂料混合均匀，在加水搅拌时，还需加入增稠剂或悬浮剂。

还可以在涂料中加入增泡剂，通过气孔的存在，来降低涂层热导率和干密度。

## 二、水性膨胀型钢结构防火涂料

水性膨胀型防火涂料多为薄型，组分一般包括成膜物、膨胀阻燃体系、填料及助剂等，成膜物和膨胀体系是膨胀型防火涂料中的关键组分。

### 1. 成膜物

膨胀型防火涂料的成膜物又被称作基体树脂、基料，包括水性和溶剂型。

水性膨胀型防火涂料常用的乳液有苯乙烯改性丙烯酸乳液、聚醋酸乙烯乳液、偏氯乙烯乳液等。

### 2. 阻燃剂

膨胀型钢结构防火涂料常用的有膨胀阻燃体系，包括物理阻燃剂可膨胀石墨，化学阻燃剂聚磷酸铵、三聚氰胺、季戊四醇（PCN体系），在涂层受火时能促进和改变其热分解过程，形成炭质层，以保护钢结构。

为改进涂料的耐火性能、提高涂料施工厚度、提高强度，还会添加其他的颜填料如玻璃微珠、硅酸铝纤维、玻璃纤维等。

### 3. 助剂

水性膨胀型防火涂料中，助剂较多，用量少、作用大，可显著改善涂料的柔韧性、弹性、附着力、稳定性和施工性等多方面的性能，其用量可根据使用范围而酌情添加。

## 三、溶剂型膨胀型钢结构防火涂料

超薄型钢结构防火涂料中的多数产品属于溶剂型，主要由基料、阻燃剂、颜填料、溶剂和稀释剂组成。

常见的组成是以特殊结构的聚甲基丙烯酸酯或环氧树脂与氨基树脂、氯化石蜡等复配作为基料黏合剂，附以高聚合度聚磷酸铵、双季戊四醇、三聚氰胺等为防火阻燃体系，添加钛白粉、硅灰石等无机耐火材料，以 200♯ 溶剂油为溶剂复合而成。

### 1. 成膜物

成膜物要使涂料各组成部分粘接在基材上，使涂料具有良好的理化性能，在此主要考虑基料与防火添加剂的协同以及涂料的室温自干性。

这类防火涂料常用的基料有环氧树脂、卤代脂烃高聚物、氨基树脂或者改性树脂等。

高品质的超薄型钢结构防火涂料都是用专门的丙烯酸树脂作粘接剂，其料浆的固体含量一般不低于 70%，其树脂含量小于固体成分的 20%。

### 2. 阻燃剂

阻燃剂对涂料的防火性能影响很大，它必须能与基料相互配合，在受火时组分间协调一致，膨胀发泡形成均匀、坚固、致密的防火隔热层。也包括膨胀阻燃体系和颜填料。

提高涂料耐火性能，使涂料的常温理化性能达到要求，同时火灾条件下膨胀发泡，避免发泡层被热流冲掉。阻燃效果较好的无机填料在其中所占比例较大。

### 3. 助剂

助剂作为一种添加剂，用于改性，有利于涂料的涂刷性、成膜性、耐冻性、储存稳定性。如消泡剂、流平剂等。

另外，超薄型钢结构防火涂料多为溶剂型，目前超薄型钢结构防火涂料的溶剂主要是芳香烃，但可以加入一定量的脂肪烃类稀释。

# 第二章

# 成　膜　物

第一节 引　言

成膜物是钢结构防火涂料的基料，要求其理化性能优良，干燥形成坚固涂层，保证涂层常温下良好的装饰性、理化性能；有助于防火涂料的防火性能，兼具一定的耐腐蚀性、耐候性。因此与其他组分应匹配良好，既保证涂层在正常工作条件下具有各种使用性能，又能在火焰或高温作用下使涂层具有难燃性，或者是优异的膨胀性。

对膨胀型防火涂料而言，基体树脂与防火体系应匹配，在火焰或高温作用下，基体树脂分解炭化，其炭质物强度比小分子物质高得多。因此，它对受火后的炭化膨胀高度及膨胀层强度均有较大影响。

钢结构防火涂料成膜物有溶剂型和水性之分，水性成膜物可分为无机物型、乳液型。

第二节　无机物基料

无机物基料仅在非膨胀型钢结构防火涂料中使用，主要包括水玻璃（硅酸钠、硅酸钾、硅酸锂等）、磷酸盐、硅溶胶、水泥等。

## 一、水玻璃

钢结构防火涂料最初的非膨胀型无机黏合剂为水玻璃，俗称泡花碱，是一种水溶性硅酸盐，溶于水后可形成水玻璃，其化学式为 $R_2O \cdot nSiO_2$，式中 $R_2O$ 为碱金属氧化物，$n$ 为摩尔比，表示二氧化硅与碱金属氧化物物质的量的比值。摩尔比越高，黏度越大，易于分解硬化，粘接力增大，其成膜后的耐水性则越好；摩尔比越低，晶体组分越多，粘接力差。

水玻璃粘接力强、强度较高，耐酸性、耐热性好，涂层固化后，能够析出硅酸凝胶，可防止水渗透。在高温下硅酸凝胶干燥得更加快速，而强度并不降低，并具有高度的耐酸性能。水玻璃耐碱性、耐水性差。可通过对游离的碱金属离子的抑制改善其性能，不让它与二氧化碳反应，可采用氟硅酸盐、硼酸盐、有机高分子耐水性树脂等固定碱金属，形成一种网状结构，改善涂膜的理化性能。

建筑上常用的水玻璃是硅酸钠的水溶液（$Na_2O \cdot nSiO_2$）。水玻璃摩尔比不同，性质不同，一般为 1.5～3.5。水玻璃在水中溶解的难易程度随摩尔比 $n$ 而定。$n=1$ 时，水玻璃在常温下即可溶解于水中；当 $n>1$ 时，水玻璃只能溶解于热水中；当 $n>3$ 时，水玻璃必须在 4atm（1atm=101325Pa）以上的蒸汽中才能溶解。水玻璃浓度不可太高，否则黏稠度增加，搅拌困难，固化速度快，非常不利于施工。

## 二、硅溶胶

纳米二氧化硅颗粒溶解于水中，可形成硅溶胶，外观为乳白色半透明的胶体溶液。其化学式为 $SiO_2 \cdot nH_2O$。二氧化硅粒子之间形成牢固的硅氧键，熔点高达 1600℃。

硅溶胶无毒、无味、耐热性好、耐久性好、与无机材料包括水泥等碱性基材粘接强度高、硬度高、耐溶剂、耐擦洗、价格便宜。硅溶胶的分散性、渗透性好，可以利用这一特性，与聚合物乳液复合，使两者性能互补，对各种基材粘接强度高，涂膜力学性能好、平整光滑、外观丰满。

以硅溶胶作为无定形防火材料，大大提高了涂层的耐高温性能，高浓度低黏度硅溶胶是配制高级防火涂料较佳的原料。

## 三、水泥

水泥作为一种粉状水硬性无机胶凝材料，加水搅拌后成浆体，在水或空气中硬化，并能把各类填料牢固地胶结在一起，在厚型钢结构防火涂料中大量使用。

水泥密度大，必须配以其他轻质无机粘接剂降低干密度，再配以适量有机粘接剂提高强度。

水泥被广泛应用于建筑、水利、国防等工程，类型多样，其中硅酸盐水泥、氯氧镁水泥在厚型钢结构防火涂料中得到广泛应用。

### 1. 硅酸盐水泥

硅酸盐水泥，简称普通水泥，在《通用硅酸盐水泥》（GB 175—2007）中规定比例为硅酸盐水泥熟料、5％～20％的混合材料及适量石膏磨细制成的水硬性胶凝材料。

### 2. 氯氧镁水泥

氯氧镁水泥是水泥的一个特殊品种，以氧化镁、氯化镁为主要成分，用玻璃纤维来增强氯氧镁水泥，即得无机玻璃钢。

水泥种类众多，优点各不相同，可以根据不同的使用环境、工程进度，调整使用种类，如矿渣硅酸盐水泥与普通硅酸盐水泥相比，矿渣水泥的颜色浅、密度小、水化热低、抗冻性差、耐蚀性和耐热性较好，在湿度较大的环境以及高温车间可选用矿渣水泥。

## 四、磷酸盐

磷酸盐粘接剂种类多，根据所含金属不同，性能差别较大，磷酸铝具有较好的综合性能，其中较为常用的为磷酸二氢铝，是一种无色无味极黏稠的液体或白色粉末，易溶于水，一般直接添加。

磷酸二氢铝在常温下与耐火骨料、硬化剂等混合后，在 90～110℃保持恒温 4～24h，可形成粘接强度较高的涂层，经过 350～500℃烘干后就具有抗压、耐水性能优良等特点，即使在水中煮沸涂层也不会受损。液体磷酸二氢铝便于成型，特别适宜于现场施工。

磷酸在使用过程中容易吸潮，可以添加 2％～3％的耐火水泥作固化剂。

## 五、石膏

石膏基钢结构防火涂料近年来在我国出现，石膏的主要化学成分为硫酸钙（$CaSO_4$）的水合物。在建筑上最为广泛的应用是纸面石膏板，石膏及其制品的微孔结构和加热脱水性，使之具优良的隔声、隔热和防火性能，通过使石膏和水泥混合使用，可大大降低水泥基防火涂料的干密度，可以在较短的时间内凝固，大大缩短施工时间，环保节能。

## 第三节  聚合物乳液类基料

乳液是薄型钢结构防火涂料的粘接剂，加入量和品种对涂料的性能影响很大，各种组分必须找到恰当的比例，基料的熔点、发泡剂的分解点以及成炭剂的炭化温度实现良好的匹配度，加强对钢结构的防火保护。

聚合物乳液防火涂料种类繁多，采用水性乳液制造的防火涂料 VOC 释放量要远少于油性涂料，理化性能和防火性能优良，在钢结构防火保护中应用广泛。聚合物乳液一般是高分子合成树脂乳液，聚合方法不同，导致乳液性能各异，特点各有所长，可根据其特点进行复合使用，涂膜的硬度、柔韧性、耐水性可通过复配调节，增强涂料综合性能。

单体和水在乳化剂的作用下进行聚合反应，最终形成的稳定的非均相液体即是聚合物乳液。涂料用乳液主要分为两种：一种为水包油乳状液；另一种为油包水乳状液。外观为乳白（往往带有蓝相）到半透明、均匀的有一定黏稠度的流体。

## 一、聚合物乳液的性能

聚合物乳液在涂料中是主要的成膜物，其成膜的高分子物质在乳化剂的存在下以微细粒子（0.1～10μm）分散于水中，具有巨大的表面积，只要具备成膜的一般条件，离散的聚合物微粒就互相靠近并形成连续膜。

### 1. 最低成膜温度（MFT）

聚合物乳液要形成连续涂膜，粒子必须要形成紧密堆积排列构型。因此，形成连续薄膜的条件除了乳液需分散良好以外，还有聚合物粒子的变形，当粒子互相接触时，水分蒸发产生的压力就迫使粒子被挤压变形而互相粘接，形成涂膜。

防火涂料中使用的乳液大部分为热塑性树脂，温度越低，其硬度越大，越难于变形，当低于聚合物乳液的最低成膜温度值时，乳液不能成膜。该值与聚合物的玻璃化温度有关，也是乳液的一个重要应用指标，在聚合物乳液的选用过程中应关注这一指标，如表 2-1 所示，也可以使用成膜助剂使乳液具有满足使用要求的最低成膜温度。

表 2-1 乳液的最低成膜温度

| 聚合物组成 | $T_g/℃$ | MFT/℃ |
|---|---|---|
| 苯乙烯/丙烯酸丁酯(75/25) | 48 | 58 |
| 苯乙烯/丙烯酸丁酯(55/45) | 17 | 23 |
| 苯乙烯/丙烯酸丁酯(50/50) | 10 | 21 |
| 甲基丙烯酸甲酯/丙烯酸乙酯(50/50) | 30 | 27 |
| 甲基丙烯酸甲酯/丙烯酸乙酯(45/55) | 25 | 18 |
| 聚醋酸乙烯 | 30 | 13 |
| 聚丙烯酸甲酯 | 3 | 20 |

### 2. 玻璃化温度（$T_g$）

高聚物由高弹态转变为玻璃态时有一个转变对应温度，亦即玻璃化温度。玻璃化温度能够反映聚合物乳液形成涂膜后硬度的大小，玻璃化温度的高低取决于共聚物的组成，能形成刚性聚合物的硬单体和形成柔软聚合物的软单体可根据需要搭配使用。

该温度值具有一定的范围区间，根据测定的方法和条件不同而有所差异，是高聚物的一个重要性能指标。如表 2-2 所示。$T_g$ 高的乳液，涂膜硬度大、光泽度高、耐沾污性好、不易污染，其他力学性能相应也好些。但是，玻璃化温度高，最低成膜温度也高，不利于低温施工。

表 2-2    乳液的玻璃化温度

| 单　　体 | $T_g / ℃$ |
|---|---|
| 丙烯酸甲酯 | 8 |
| 丙烯酸乙酯 | −22 |
| 丙烯酸正丁酯 | −54 |
| 甲基丙烯酸 | 185 |
| 甲基丙烯酸甲酯 | 105 |
| 甲基丙烯酸羟丙酯 | 73 |
| 苯乙烯 | 100 |
| 醋酸乙烯 | 30 |

对于钢结构防火涂料生产中使用的聚合物乳液，必须控制适当的玻璃化温度。乳液的玻璃化温度还可以通过加增塑剂进行二次调节。但增塑剂有迁移和挥发的问题，故对其使用要注意。

### 3. 残存单体含量

乳液聚合反应往往会有少量未完全反应的单体存在，残存单体含量过高，VOC 含量高，不利于环境保护以及乳液的稳定性，一些单体水解还会使乳液体系的 pH 值发生变化，在聚合物乳液中残留单体含量要控制在 1% 以下。

### 4. 粒度和粒度分布

聚合物乳液作为一个非均相体系，聚合物粒子的粒径大小及其分布有很大的差异，工业生产的聚合物乳液一般为多分散性乳液，粒度分布不均匀，对乳液的黏度、成膜性质及涂膜的性能均有很大影响。粒度小，临界颜料体积浓度较高、渗透性好。

### 5. 相容性

在配制钢结构防火涂料时，需要添加多种化学物质，如颜料、分散剂、消泡剂、成膜助剂、防霉剂等，如果与所用的聚合物乳液相容性不佳，严重时会引起破乳，轻则影响成膜后涂膜的各项性能。因此，在制备时须选择与乳液具有良好相容性的物质。

### 6. 稳定性

稳定性主要是指组成乳液的各组分物质间的机械稳定性、储存稳定性、冻融稳定性、稀释稳定性等。

聚合物乳液的机械稳定性主要反映其对剪切应力的敏感程度。这一性能，对于需要高速分散生产乳液涂料或用泵输送的乳液涂料的性能是非常重要的。如其性能不佳，在乳胶漆的生产过程中就容易发生聚结现象（破乳），使涂料报废。

冻融稳定性即是指乳液经受冻结和融化交替变化时的稳定性。涂料在很多情况下要被暴露于冻结的气候条件下，当聚合物乳液遇到低温条件时会发生冻结，冻结和融化会影响乳液的稳定性，导致黏度上升，或者乳液凝聚。

乳液的颜料混合稳定性是指对于添加颜料的乳液，颜料的选择及混合方法均影响其稳定性。

储存稳定性是指储存期间乳液发生变质的难易程度。包括因受重力影响粒子沉降或上浮形成浓缩层以及浓缩层是否凝集的稳定性，聚合物粒子对水解和脱盐酸反应等化学变化的稳定性，受冷热温度变化乳液体系是否会被破坏的稳定性。包括常温、低温、加热储存稳定性。

乳液品种的分类通常是按乳液合成中单体的成分来进行的，同时也必须对其分子量加以控制，才能使其具有一定的溶解性并对填（颜）料有较好的润湿性，若乳液的分子量过大，则对填（颜）料的润湿能力降低，影响涂料的性能。

钢结构防火涂料通常采用的有聚丙烯酸酯乳液、苯乙烯-丙烯酸共聚乳液、醋酸乙烯-丙烯酸共聚乳液、氯乙烯-偏二氯乙烯共聚乳液等；常用的水性树脂有氯丁胶乳液、水溶性三聚氰胺甲醛树脂、环氧乳液、过氯乙烯和氯乙烯-醋酸乙烯酯共聚乳液、含氟乳液（氟碳乳液）、聚氨酯乳液等，也可以探索其在钢结构防火涂料中的应用。

除热塑性乳液外，近几年还出现了室温交联乳液，如含交联单体 N-羟甲基丙烯酰胺的纯丙自交联乳液、通过金属离子交联的室温交联乳液及随着水分蒸发而交联的"逃逸型"室温交联乳液、丁二烯和聚苯乙烯共聚的丁苯乳液、用有机氟单体改性的乳液、通过金属离子交联的室温交联型乳液等。

### 二、丙烯酸酯乳液

丙烯酸酯乳液在钢结构防火涂料中已经应用得非常广泛，丙烯酸树脂由丙烯酸酯类、甲基丙烯酸酯类和其他烯烃类单体共聚而成，丙烯酸酯乳液既有优良的装饰性能又有优异的成膜性能，但存在热黏冷脆、不耐溶剂等缺点，因此根据不同的配方、生产工艺和单体的选择可以制备出不同性能的丙烯酸酯乳液，按产品的组成可以分为醋酸乙烯-乙烯共聚物乳液（EVA乳液）、醋酸乙烯-叔碳酸乙烯酯共聚物乳液（醋叔乳液）、醋酸乙烯-丙烯酸酯共聚物乳液（醋丙乳液）、纯丙烯酸酯共聚乳液（纯丙乳液）、苯乙烯-丙烯酸酯共聚物乳液（苯丙乳液）等。

有机硅树脂具有优异的耐高温、低温性能和耐水性能，国内外在有机硅改性丙烯酸树脂乳液方面进行了卓有成效的研究，有研究人员利用有机硅改性丙烯酸树脂与纳米双羟基复合金属氧化物在一定范围内复配，在高聚物中形成纳米复合人工微结构材料，在热分解燃烧过程中，可能形成碳及无机盐多层结构，使得丙烯酸类树脂具有高阻燃性和优异的力学性能。

丙烯酸高弹乳液制成的涂料在经过耐火测试后，生成的炭质层泡孔均匀致密，而采用EVA乳液的漆膜硬度较好，但是耐火极限远不如采用丙烯酸高弹乳液的涂料，这可能是由于在高温情况下，EVA乳液融化后并不能包裹释放的气体，因此在炭质层上出现较多的泡孔以及裂纹，这直接导致降低了防火涂料的耐火时间。硅丙乳液制成的涂料硬度较高，但是耐火性能不佳，究其原因在于该乳液受热后不能熔融，与膨胀组分的分解时间难以协调，导致其炭质层有大量裂纹。

### 三、水性醇酸树脂

水性醇酸树脂是用水作溶剂或分散介质制备而得。水性化后，生产和施工安全、VOC含量大大降低，被分为单组分自干烘干型及双组分室温干燥型体系两种。

水性化是醇酸树脂的重要发展方向之一，缺点是主链中酯键易水解，储存稳定性不好、耐水性差。因此目前有各种改性的水性醇酸树脂，其中以丙烯酸树脂、有机硅树脂、聚氨酯、苯乙烯的改性效果显著。

## 四、氯偏乳液

氯偏树脂具有良好的常温下成膜性能，耐紫外线、耐腐蚀性能和优异的电绝缘性能，可以提高防火涂料的固含量，但是其在火灾发生时燃烧释放出有害气体，发烟量大，因此对其进行水性化处理，即在原为不水溶的树脂分子中接上一定数量的羧基、氨基等亲水的官能团，经碱（或酸）中和而制得。

涂料施工时，为了保证合适的施工黏度，喷涂或刷涂过程中必须加入一定量的有机助溶剂，添加量为树脂的 40％～60％，所以在该类涂料中仍然会含有较多的有机溶剂，存在一定的环保问题。

## 第四节 溶剂型树脂

### 一、溶剂型树脂的性能

溶剂型树脂形成的钢结构防火涂料成膜性能好，与水性防火涂料相比，耐水性和附着力优良，对金属基材的附着力更为出色，存在的最大问题是 VOC 含量高，存在环保问题，有机溶剂释放后，又具有一定的燃烧性，形成火灾危险。

溶剂型树脂分为两种，一种是采用固体树脂溶解而成，另外一种直接采用溶液聚合制备，第二种方法更为普遍。

将单体和引发剂置于适当的溶剂中进行聚合即为溶液聚合，溶液聚合的体系黏度低、容易混合、温度控制方便，但是成本高，另外，如果单体浓度较低，则存在聚合速率慢的缺点。经聚合反应后得到的溶剂型树脂可以直接使用或经溶剂稀释后使用，溶剂一般既能溶解单体，又能溶解聚合物。

常用的溶剂型树脂有过氯乙烯、高氯化聚乙烯、氯化橡胶、酚醛树脂、环氧树脂、丙烯酸树脂、聚氨酯树脂、有机硅树脂、氨基树脂等，溶剂型钢结构防火涂料的制备中要特别注意树脂的黏度、常温干燥性以及原料之间的相容性。

涂料选用的树脂不同，要根据树脂特性选用合适的有机溶剂，包括 200＃汽油、丙酮、醋酸丁酯、二甲苯、甲苯、正丁醇、松节油等。

## 二、溶剂型树脂的分类

### 1. 乙烯类树脂

（1）过氯乙烯树脂

过氯乙烯由聚氯乙烯进一步氯化而得，具有良好的常温成膜性能，耐化学腐蚀性、耐候性优良，是一种挥发性热塑性树脂，含氯量一般为 61%～65%，可溶性比聚氯乙烯树脂显著提高。

根据外观的不同，过氯乙烯树脂分为干树脂和在氯苯溶剂中的树脂溶液；根据聚合度的不同，过氯乙烯树脂分为高黏度和低黏度两类。聚合度越高，黏度越大，涂膜的耐久性、硬度越好，但附着力、可溶性低。低黏度过氯乙烯树脂制得的涂料固含量适中，最为常用。过氯乙烯树脂涂料使用的溶剂是丙酮、醋酸丁酯和二甲苯等的混合物。

过氯乙烯属于难燃型树脂，品种多样，在防火涂料中广泛使用。由于其在燃烧时发烟量较大，炭质层疏松，在实际应用中常加醇酸树脂等其他树脂来改进光泽、附着力，以进行增韧涂膜，也可以添加邻苯二甲酸二丁酯等增塑剂以改进柔韧性、加入脂肪酸钡盐等以改进对光和热的稳定性、加入抑烟剂减少烟气释放等。

（2）高氯化聚乙烯

高氯化聚乙烯燃烧速度为 0，具有自熄性质，不添加任何阻燃填料时，闪点即高达 390℃，自燃点为 455℃，阻燃性能优良，是防火涂料极佳的成膜基料。

高氯化聚乙烯在燃烧过程中会生成石墨化碳粒子，因此，高氯化聚乙烯基涂料发烟量很大，可以添加氧化锑，能与高氯化聚乙烯产生卤锑阻燃协同效应，使材料的热降解减缓，从而减少发烟量，也可以加入钼酸锌等复合型抑烟剂控制发烟量。另外，高氯化聚乙烯形成的涂膜韧性差，可加入氯化石蜡等增韧剂进行改善。

### 2. 涂料用橡胶

防火涂料中用的橡胶有氯化橡胶和合成橡胶，其中合成橡胶包括氯丁橡胶、氯磺化聚乙烯橡胶和丁苯橡胶等。

（1）氯化橡胶

氯化橡胶由天然橡胶氯化衍生而来，将天然橡胶溶于氯仿或四氯化碳中，在80～100℃下通过氯气作用而生成的固体粉末状物质，即为氯化橡胶。防火涂料中用的橡胶，必须采用较低黏度（0.01～0.02Pa·s）的平均相对分子质量在540～88000的氯化橡胶，如1♯、2♯氯化橡胶的黏度分别为5～10mPa·s和11～20mPa·s，氯含量一般平均为65%～68%。

氯化橡胶无毒、无味，耐水性、耐酸、耐碱性能优良，化学稳定性好，附着力强，具有不燃性，与其他树脂的互溶性良好，但耐候性、耐有机溶剂性能差。它的成膜是通过溶剂挥发而形成涂膜的，故属于非转化型涂料，目前最经常应用于防水涂料。

氯化橡胶在燃烧时，也存在发烟量较大、炭质层疏松的问题，可以采用氯化石蜡进行涂层增韧以改善物理力学性能。

氯化橡胶溶于植物油、芳香烃类、酸类、醚类、氯化烃类和除丙酮之外的酮类溶剂。

（2）合成橡胶

涂料用合成橡胶有氯丁橡胶、氯磺化聚乙烯橡胶和丁苯橡胶等。

① 氯丁橡胶。氯丁橡胶是氯丁二烯的一种聚合体，溶于苯和氯仿，在矿物油、植物油中只能稍溶胀而不溶解，耐水、耐油、耐燃、耐酸碱性良好，气密性好，拉伸强度较高，储存稳定性差，在光的作用下易转变成不溶于苯的聚合体。

氯丁橡胶基涂料防腐蚀性能、耐候性、防水性能优良，施工方便，可应用于化工生产设备、储罐、输送管道等。

② 氯磺化聚乙烯橡胶。氯磺化聚乙烯橡胶是聚乙烯与氯气和二硫化碳反应而成的白色胶粉，可与其他合成树脂、橡胶共混，具有良好的化学稳定性、耐氧化、耐臭氧、耐热、耐磨和耐腐蚀等性能。

用氯磺化聚乙烯橡胶制得的双组分涂料常常用来作钢材、水泥、木材、玻璃钢、纤维织物和泡沫塑料等基材的高耐候性涂层。

③ 丁苯橡胶。丁苯橡胶兼具橡胶和塑料的特性，溶液聚合形成的丁苯橡胶具有更好的涂料综合特性，柔韧、色浅、透明，附着力、耐氧化、耐臭氧、耐热性、耐磨性、耐腐蚀性优良。固体丁苯橡胶溶于芳香烃类、酮类、

酯类溶剂，不宜与醇酸树脂共混。

### 3. 环氧树脂

（1）特性

环氧树脂是含有环氧基团的合成树脂的总称，韧性好、黏合力强，收缩性、稳定性高，耐化学腐蚀性好，缺点是户外耐候性差，涂膜易粉化、失光等。

根据原料的不同比例及聚合条件的变化，可制得不同分子量的环氧树脂。目前，工业上应用最广泛的环氧树脂是由双酚 A 和环氧氯丙烷制备的双酚 A 型环氧树脂，随着聚合度的不同，环氧树脂的分子量不同，其形态也从流动的液体变为固体。

当平均聚合度 $n \leq 2$ 时，树脂呈黄色或琥珀色高黏度透明液体，称为低相对分子质量环氧树脂；当 $n > 2$ 时，树脂呈固体状态，称为高相对分子质量环氧树脂。环氧树脂的平均相对分子质量一般为 $300 \sim 7000$，最高熔点一般是 $145 \sim 155 ℃$；溶于丙酮、环己酮、乙二醇、甲苯和苯乙烯等。

环氧树脂是逐步聚合而成的，它本身是热塑性的线型高分子聚合物，不能直接使用，必须用固化剂使环氧树脂交联成网状结构的大分子才能显示出它特有的性能。

环氧树脂与多元胺、有机酸酐或其他固化剂等反应变成坚硬的体型高分子化合物。无臭，无味，耐碱和大部分溶剂，对金属和非金属具有优异的粘接力，耐热性、绝缘性、硬度和柔韧性都好，可用于制造涂料，也可用作金属和非金属材料（如陶瓷、玻璃、木材等）的胶黏剂，在许多领域得到了很好的应用，已成为目前最重要的合成高分子材料之一。

环氧树脂的缺点是比较脆，可用低相对分子质量的羧基丁腈橡胶等柔性材料增韧改性。制造涂料是环氧树脂最早也是目前最主要的用途。工业上大量采用环氧树脂制备钢结构防火涂料、防腐涂料和家用电器涂料。环氧树脂除单独用作涂料外，还用于改善其他类型树脂涂料的性能，如氨基树脂涂料、酚醛树脂涂料、聚酰胺树脂涂料和氯醋树脂涂料等。

环氧树脂的粘接力特别强，尤其是与金属间的粘接力优于其他树脂。固化后是热固性树脂中收缩性最小的一种。环氧树脂在未加入固化剂时是热塑性树脂，不会受热固化，可以放置 $1 \sim 2$ 年，亦不会变质，所以稳定性高。固化后环氧树脂的韧性约比同样固体的酚醛树脂大 7 倍。

在钢结构防火涂料中环氧树脂只能和其他树脂复合使用，最大用途是制备环氧树脂耐磨地面涂料，或者用来增强某些涂料的性能。

（2）固化剂

双酚 A 型环氧树脂分子链的两端基都是环氧基，可与多元胺类和聚酰胺树脂类化合物发生反应，在常温常压下固化。

① 多元胺类。脂肪族或芳香族多元胺是应用最广泛的环氧树脂固化剂。由于胺的种类不同，其作用也不同。

叔胺属催化剂型固化剂，用量不能定量计算，一般用量为树脂的 1%～5%。常用的叔胺固化剂有三乙胺、三乙醇胺等。

伯胺和仲胺上的活泼氢原子可与环氧树脂上的环氧基团反应而交联，属反应型固化剂。常用的有乙二胺、二亚乙基三胺、三亚乙基四胺、多亚乙基多胺、低相对分子质量聚酰胺等。

② 聚酰胺树脂类。由于多元胺类固化剂有较大的毒性和刺激性臭味，固化速度过快，又易吸潮而使涂膜发白和附着力下降，目前多采用聚酰胺树脂作固化剂。

聚酰胺树脂固化剂和环氧树脂分开包装，在使用时再将两者混合均匀。聚酰胺树脂性质比较活泼，不仅对环氧树脂起固化作用，还可以作环氧树脂的增韧剂，能很大程度地改善环氧树脂性脆、容易开裂的缺点。

聚酰胺树脂固化剂亲水性强，还可直接加入到水乳型环氧涂料中起固化作用，有利于施工操作。

环氧树脂与固化剂反应后形成的涂膜具有优良的耐碱性，抗化学品能力优良、附着力强、漆膜坚硬，且具有一定的韧性。与氨基树脂匹配的环氧树脂防火涂料具有较好的耐化学品性，涂膜柔韧性好，光泽强。两者的配比约为 70∶30 时性能最好。在温度低于 10℃时，环氧树脂涂料固化缓慢，可以采用多异氰酸酯等固化剂，需要注意的是，醇类和醇醚类溶剂会与多异氰酸酯发生反应。

**4. 聚丙烯酸酯树脂**

溶剂型聚丙烯酸酯树脂基料与其水性基料相比，其涂膜的光泽、硬度和抗污能力均较强。树脂色浅、水白、透明，耐紫外线，保光性、保色性和耐候性、耐水性、耐热性及耐化学药品、耐腐蚀性能优良，对颜料的粘接力大，施工性能良好。溶剂型防火涂料的性能要优于水性类产品。

聚丙烯酸酯树脂是以甲基丙烯酸酯和丙烯酸酯类单体为主，经游离基溶液聚合反应而得到的共聚合树脂。常用的单体有甲基丙烯酸甲酯、甲基丙烯酸丁酯、丙烯酸丁酯等，并加入少量的甲基丙烯酸或丙烯酸进行共聚，能增加共聚物对基材的附着力和颜色的湿润性。通过改变单体品种、调整树脂相对分子质量和交联体系等，可以制成具有不同性能和用途的树脂。此外，还常常选用其他一些乙烯类单体，如苯乙烯、醋酸乙烯等单体参与共聚以满足改善树脂性能或降低成本的需要。

钢结构防火涂料使用的溶剂型聚丙烯酸酯树脂通常是热塑性树脂，相对分子质量范围为50000～150000。如果相对分子质量太低，涂膜的物理性能不好；相对分子质量太高，则涂膜的丰满度不够。另外，选择的相对分子质量分布应尽可能窄一些。

丙烯酸树脂近年来广泛用于防火涂料，与膨胀体系混合后发泡效果良好，炭质层致密，发烟量少。但是，其耐热性差、硬度较大、软化点低，大相对分子质量分布均匀的丙烯酸酯树脂炭质层的最终形态要优于相对分子质量小且分布较宽的同类树脂，可以有效地提高防火涂料的耐火极限。

### 5. 聚氨酯树脂

聚氨酯树脂是聚氨基甲酸酯的简称，由多异氰酸酯和含活泼氢的多羟基化合物反应而成，聚合物分子链中含有相当数量的氨酯键。

聚氨酯树脂具有优异的物理机械性能，硬度、附着力、耐磨性、耐热性、耐沾污性、耐碱性和耐溶剂性等性能都非常好，而且其涂膜光亮丰满，装饰效果非常好，远胜于其他几种涂料用树脂（如聚丙烯酸酯树脂、聚酯树脂和环氧树脂等），但是其所含的异氰酸酯对人体有害，而且异氰酸酯涂料遇水会凝胶，储存时必须密闭。施工时，极易产生层间剥离、起小泡等问题。

聚氨酯树脂由于价格较高，应用于防火涂料方面的研究相对较少。有研究表明，防火涂料中常用的成炭剂季戊四醇中的羟基会与异氰酸酯发生反应，对涂料的成膜影响很大，附着力也差。

### 6. 有机硅树脂

有机硅树脂是含有硅氧烷基的合成树脂，其最显著的特点是分子中至少含有一个 Si—C 键，是介于有机和无机聚合物之间的聚合物。由于这种双重性，有机硅聚合物除具有一般无机物的耐热性、耐燃性及坚硬性等特性外，又有绝缘性、热塑性和可溶性等有机聚合物的特性，且韧性、弹性、可塑性、耐水性、耐冻性及耐腐蚀性等性能优良。

有机硅树脂有多种品种，涂料用有机硅树脂主要是甲基硅氧烷树脂和甲基苯基硅氧烷树脂。有机硅树脂和大多数涂料用树脂不同，它的骨架是无机的，由交替的硅原子和氧原子所组成，其有机基团是连接在硅原子上的。

涂料用有机硅树脂分为溶剂型有机硅树脂和有机硅与其他树脂共聚的复合乳液两类。溶剂型有机硅树脂又分单用和共混用树脂。

有机硅树脂的表面张力大，在无机基材表面的铺展性和粘接性差，常温下成膜困难，需要高温烘烤固化成膜，且价格高，因而单独用于生产钢结构防火涂料没有实际意义。在钢结构防火涂料中使用有机硅树脂目前主要是用于对丙烯酸酯树脂钢结构防火涂料的改性。

有研究表明，用有机硅树脂对丙烯酸酯树脂进行改性制备钢结构防火涂料，可以通过直接共混使用进行改性，但是改性效果较差；也可以利用有机硅树脂的中间体合成出有机硅改性丙烯酸酯复合树脂，能有效地将丙烯酸树脂的粘接性、底材湿润性、经济性和有机硅树脂的耐水性、耐热性和耐污性综合于一体。

### 7. 氨基树脂

氨基树脂是胺或酰胺与甲醛反应得到的产物。氨基树脂本身不燃，遇火时体积膨胀，不会产生有毒烟气。

防火涂料中常用的氨基树脂有三聚氰胺甲醛树脂、脲醛树脂等。在防火涂料中，氨基树脂不单是成膜剂，还是优良的成炭剂和发泡剂。单纯用氨基树脂的防火涂料，漆膜硬而脆，与基材的附着力较差，容易开裂崩脱，因此，常与醇酸树脂或丙烯酸树脂混用，以取得更好的物理力学性能。

### 8. 酚醛树脂

酚醛树脂由苯酚醛或其衍生物缩聚而得，酚醛树脂涂料干燥快、附着力好、涂膜坚硬、有很好的耐水性和耐酸性，尤其耐高温性良好，低烟、低毒，应用于防火涂料比较早，主要应用于木材、电线和电缆等的防火。经常与其他基料并用，如氨基树脂等，可以有效改善涂层的防火性能和物理力学性能。

### 9. 醇酸树脂

醇酸树脂由多元醇如甘油、多元酸以及植物油或植物油酸缩聚而成，耐候性、附着力、硬度、光泽、柔韧性和绝缘性能都比较好。但是其耐碱性、耐酸性以及耐水性能较差，表面干燥快，实际干燥时间较长。用于防火涂料中时，成炭量较大，膨胀发泡层表面均匀致密性差，外表会开裂。因此醇酸树脂常与氨基树脂拼用，以改善氨基树脂的硬而脆的漆膜，提高其附着力。

目前醇酸树脂合成技术成熟，综合性能好，原料易得，性价比高，而且可以根据要求调整配方，制备不同性能的树脂乳液，成为涂料工业用的主要树脂，市场最高比例一度曾达 90% 以上。

在钢结构防火涂料的制备中，可以根据研究目的，参考相应的产品标准，选择适当、合格的成膜物。大多数成膜物可以复配使用，使其优劣互补，形成性能优良的涂层。

# 第三章

# 发泡组分

## 第一节　发泡原理

发泡组分是膨胀型防火涂料中特有的组分，膨胀型防火涂料的涂层受热后，发泡组分膨胀，形成的炭质层热导率很低，有效地提高了钢结构的耐火极限。膨胀型防火涂料的发泡原理有以下两种。

### 一、物理发泡

物理发泡是指材料受热后自行膨胀，不会与其他组分发生反应，依靠凝聚相阻燃机理发挥防火作用。

它受热后形成的膨胀炭层具有很好的抗火、隔热、隔绝氧气的作用，阻断了火焰和基材之间的热量传递，涂层的热降解得到抑制，实现对钢结构的保护。

用于防火涂料，通过物理发泡实现阻燃的材料应膨胀倍率大、膨胀温度适宜、热稳定性好，物理阻燃剂采用物理发泡的方法实现阻燃，可膨胀石墨是最常用的物理阻燃剂。

### 二、化学发泡

化学发泡是材料受热后，与涂料中的其他组分发生强烈的化学反应，涂层膨胀形成海绵状炭质层，从而阻止热量向钢材传导。用于防火涂料、通过化学发泡实现阻燃的材料应在受热时分解，与其他组分之间发生脱水成炭反应，当炭质层达到最稳定时，在火焰侵袭下发挥保护作用，各组分之间反应速度应协调配合，从而达到最佳发泡效率。

膨胀型防火涂料目前最常用的是以聚磷酸铵（P）/季戊四醇（C）/三聚氰胺（N）为阻燃剂的协同体系，该体系具体的作用机理是聚磷酸铵在212℃开始受热分解，产生酸，随着温度升高，280℃后季戊四醇在酸作用下脱水成炭，而三聚氰胺在250～380℃范围内发生释放出氨气并生成多种缩聚物的反应，它分解释放的惰性气体使涂层发生膨胀，形成海绵状结构，炭架此时软化吹塑，形成致密的膨胀炭层，最终在火灾中对材料起到保护的作用。

## 第二节　膨胀阻燃剂

### 一、可膨胀石墨

#### 1. 可膨胀石墨的结构

可膨胀石墨目前在钢结构防火涂料中大量使用，其化学式为 C，属六方晶系，晶体呈六方板状和片状，外观呈鳞片状铁黑色，表观密度为 2.125g/cm³，其堆积密度为 0.1002～0.1004g/cm³，表面光滑，具有导电性、耐腐蚀性，化学性质不活泼。

可膨胀石墨以天然鳞片石墨为原料，采用硫酸为插层剂制备而成，插入层间的硫酸对可膨胀石墨的膨胀起到关键作用，可膨胀石墨的结构如图 3-1、图 3-2 所示。

图 3-1　可膨胀石墨颗粒　　　　　　图 3-2　可膨胀石墨微观图

**2. 可膨胀石墨阻燃机理**

可膨胀石墨在受到 200℃ 以上高温时，吸留在层形点阵中的化合物开始分解，可膨胀石墨会沿着结构的 C 轴呈现出数百倍的膨胀，并在 1100℃ 时体积达到最大。化合物分解产生的气相产物由 $SO_2$、$CO_2$ 和水组成，可膨胀石墨用于钢结构防火涂料中，遇到火灾发生时，体积瞬间阻隔火焰，发生膨胀之后的石墨变成密度很低的蠕虫状，其结构疏松、多孔弯曲，比表面积大、吸附力强、导热性低，抗氧化性、耐高温性能优良。

可膨胀石墨的结构特征决定其在膨胀过程中会吸收大量的热量，其质量损失小、低烟、无毒、高性能、环境友好，不会与其他聚合物反应，但是它形成的膨胀炭层隔热、隔氧，也有利于涂层中其他聚合物的交联成炭。

有研究表明，可膨胀石墨热分解过程中大约产生 0.8％ 的 $SO_2$，相当于插入石墨层间硫酸总量的 16％，热分解残余物中仍含有大量的含硫物质，说明仅有部分硫酸参与了可膨胀石墨膨胀过程中的反应，氧化还原反应产生的大量气体才是导致膨胀的主要原因。

**3. 应用**

可膨胀石墨仍然保持天然石墨的性质，使用不受环境限制，可塑性、延展性和密封性好，用于生产柔性石墨板材、密封件灭火剂、防火阻燃材料等。目前被广泛应用于石油、化工、轻工、冶金、电力、机械、制药、医疗、汽车、船舶、航天、军事、核能等高科技工业领域。

## 二、膨胀阻燃体系

膨胀阻燃体系采用化学阻燃机理，膨胀形成炭质层，根据其作用不同分为三个部分：催化剂、成炭剂和发泡剂。

**1. 催化剂**

（1）作用机理

催化剂是膨胀阻燃体系的主要成分，能够促进并改变涂层的热分解过程，其分解出的酸能促进涂层内含羟基的有机物脱水炭化，生成不易燃的三维空间构造的炭质层，隔离基材和火源，释放出不燃性气体，稀释可燃性气体和氧气。

温度达到 212～588℃时，聚磷酸铵分解，释放出 $NH_3$ 和 $H_2O$，生成聚磷酸；温度为 588～740℃时，聚磷酸分解生成焦磷酸；温度为 740～1000℃时，焦磷酸成熔融状态附着在基材表面。

分解过程中生产的聚磷酸能与多羟基化合物发生酯化反应，脱水、引发膨胀过程。

（2）主要种类

受热时能够分解，产生的酸化合物具有脱水作用，如磷酸、硫酸等的盐都可以用作催化剂，其中磷酸盐最为常用，磷系阻燃剂低烟、无毒，用量仅次于卤系阻燃剂。早期作为脱水催化剂的磷酸氢二铵和磷酸二氢铵，其水溶性好，在涂料成膜时发生重结晶，结晶颗粒析出在涂层表面上，影响涂层外观和使用性能。因此用量逐年减少，现在经常采用的是聚磷酸铵、磷酸铵镁和磷酸三聚氰胺。聚磷酸铵含磷量高、含氮量多，具有热稳定性好、水溶性小、近于中性、阻燃效能高、分散性较好、毒性较低的特点，已经成为重要的高效添加型磷系无机阻燃剂。常见的磷酸盐类物质分解温度如表 3-1 所示。

表 3-1　常见的磷酸盐类物质分解温度

| 名　　称 | 分解温度/℃ |
| --- | --- |
| 磷酸氢二铵 | 87 |
| 磷酸尿素 | 130 |
| 磷酸二氢铵 | 150 |
| 聚磷酸铵 | 212 |
| 聚磷酸铵钾 | 245 |
| 磷酸三聚氰胺 | 300 |

聚磷酸铵（APP）作为一种最重要的磷系无机阻燃剂，根据光衍射图案不同，APP 有 5 种不同的结晶形式，其中Ⅰ型和Ⅱ型作为阻燃剂使用。结晶Ⅱ型 APP 聚合度高，耐水性、耐热性好，是目前国内较普遍使用的产品，水溶性和一般长链状 APP 有所不同，其聚合度、分解温度显著提高。

不同聚合度的 APP 性能也有所差异，聚合度低，范围在 20～400 内的

APP 为可溶性盐，涂膜耐水性差，涂料稳定性差，容易沉淀，防火效果差；聚合度高，范围在 500 以上的 APP，其稳定性、耐水性均较好，近年来研制出的聚合度在 1000 以上的聚磷酸铵，应用于钢结构防火涂料中表现优异。

（3）选用

催化剂的选择应该考虑原料的水溶性、热稳定性、磷含量及原材料价格等因素进行综合考虑。要注意的是，聚磷酸铵在原料中所占的比例不同，涂层的膨胀性能有所差异，APP 添加适当，才能保证涂层的耐火时间。

聚磷酸铵在涂料中的溶解性能影响涂膜的阻燃性能，可采用微胶囊技术对聚磷酸铵进行包覆，改变 APP 的性能，根据基料种类，有不同的囊材选择，增加涂料的相容性，进而提高涂料的各项性能。

也可以在聚磷酸铵中加入偶联剂，提高涂料的相容性，偶联剂作为具有两亲结构的有机化合物，能够使性质差别很大的材料紧密结合，常用的有硅烷偶联剂、钛酸酯偶联剂、铝酸酯偶联剂等，其中硅烷偶联剂用量最大，这类偶联剂还具有一定的阻燃性、吸湿性。

**2. 成炭剂**

（1）作用机理

成炭剂是形成三维空间结构的物质基础，是膨胀炭质层的主要组分。在火焰或高温作用下，催化剂开始反应，成炭剂脱水炭化，形成多孔的膨胀炭质层。

（2）主要种类

成炭剂一般为碳水化合物，包括淀粉、葡萄糖、山梨醇、二季戊四醇等。最常用的成炭剂是季戊四醇，化学性质活泼，分解温度与聚磷酸铵相配。

从季戊四醇中提炼而得的双季戊四醇与聚磷酸铵的分解温度更为相近，防火性能更好，但是价格高，实用性略差。

部分树脂如尿素树脂、氨基树脂、环氧树脂自身含有羟基，也起到成炭剂的作用，在防火涂料中兼具炭化和胶黏剂的作用。成炭剂的羟基、碳含量如表 3-2 所示。

表 3-2　成炭剂的羟基、碳含量

| 名　　称 | 碳含量/% | 羟基含量/% |
|---|---|---|
| 蔗糖 | 40 | 56 |
| 山梨醇 | 40 | 55 |
| 淀粉 | 44 | 52.4 |
| 季戊四醇 | 44 | 50 |
| 二季戊四醇 | 50 | 42.8 |

（3）选用

成炭剂中羟基的含量决定成炭剂脱水和成泡的速率，含碳量决定其炭化的速率，一般选用高含碳量、低反应速率的物质作为成炭剂。

在膨胀体系中，组分之间的配合非常重要，一般要求催化剂具备比成炭剂低的分解温度，如果体系中选择了 APP 作催化剂，则应选择热稳定性较高的季戊四醇（PER）或二季戊四醇（DPE）为成炭剂。如果采用低分解温度的淀粉，在催化剂分解前，淀粉早已热分解，并产生大量的可燃性焦油，根本不能形成理想的炭层。

成炭剂的加入量不能过多，量大时，炭质层的致密性很强，但是膨胀高度不够；加入量过少，不利于膨胀炭质层的强度和隔热性。一般成炭剂的加入量要低于催化剂的量，成炭剂在遇水时还可能渗出，部分成炭剂与乳液基料存在相容性的问题，在选择时要加以注意，以免降低涂料的力学性能。

**3. 发泡剂**

（1）作用机理

膨胀型防火涂料在遇火时，膨胀形成多孔的炭质层结构，主要是由于发泡剂能在较低的温度下分解释放出不燃性气体，使涂层迅速膨胀形成海绵状炭质层。

（2）主要种类

常用的发泡剂有三聚氰胺、脲醛树脂、氯化石蜡、聚酰胺、尿素和双氰胺等。有时为加强阻燃效果，采用两种发泡剂并用。

三聚氰胺是最为常用的发泡剂，有利于炭质层的形成，其用量直接影响炭化层的膨胀高度，在一定范围内，用量大小与膨胀高度成正比。

也可将三聚氰胺与磷酸盐制成磷酸三聚氰胺再使用，水溶性较聚磷酸胺小，含有丰富的酸源和气源，兼具催化和发泡双重成效，与季戊四醇在燃烧中可形成难燃、不滴落的材料。另外可以将焦磷酸与三聚氰胺在溶剂中直接合成焦磷酸三聚氰胺，阻燃性也很不错。

氯化石蜡也可用作发泡剂，它还可同时作为成炭剂和阻燃剂，增加涂层的阻燃能力，与其他组分协同发挥作用。

（3）选用

在防火涂料中，含氯与含磷阻燃剂被大量使用，从固相到气相有效地控制燃烧的发展。在防火涂料原料配比时，必须使催化剂、成炭剂与发泡剂三种物质的分解温度配合得当，如果发泡剂的分解温度太低，产生的分解气体在催化剂作用涂料软化前已经逸出，不能在涂层成炭过程中起到膨胀发泡的作用；当发泡剂的分解温度过高时，分解产生的气体将对炭质层形成破坏，不利于炭质层的稳定，因此催化剂、成炭剂、发泡剂分解温度区间应相同，才能得到完整而且强度好的膨胀炭质层。常见发泡剂的分解温度如表 3-3 所示。

表 3-3　常见发泡剂的分解温度

| 名　　称 | 分解温度/℃ |
| --- | --- |
| 双氰胺 | 210 |
| 三聚氰胺 | 250 |
| 甘氨酸 | 233 |
| 尿素 | 130 |
| 氯化石蜡 | 190 |

# 第四章

# 颜 填 料

## 第一节　引　言

部分防火涂料长期暴露在空气中，特别是潮湿或者长期受阳光直射的环境下，会出现涂层开裂、脱落等老化失效问题，防火性能因此降低，加入的无机填料含量虽少，但是却直接影响涂膜的理化性能、耐化学介质性、发泡效果、膨胀高度和防火性能，在钢结构防火涂料中所用的填料是指无机填料，包括颜料、增强填料等。填料加入的越多，涂膜的强度越大，但是粘接力会相应降低，膨胀型涂料形成的炭质层致密度越高、膨胀高度越小，在钢结构防火涂料中选择合适的填料和用量才能有效提高防火涂料的性价比。

## 第二节　颜填料

### 一、颜料

颜料一般呈白色或彩色的细微粉末状态，不溶于水、油以及溶剂等介质，与基料溶液混合能均匀地分散于其中，能够增加涂膜的体积、遮盖力、机械强度、附着力，改善涂料的流变性、耐候性、耐久性、耐腐蚀性，使得涂料多彩多姿，更富于装饰效果。

**1. 颜料的性质**

颜料的理化性能有不同的评价指标，主要包括遮盖力、折射率、颗粒大小与形状、热稳定性等特性。

（1）遮盖力

钢结构防火涂料涂抹到基材上后，涂层遮盖住底材的颜色，这种通过颜料遮盖住被涂物的表面，使被涂物的表面不能透过涂膜而显露的能力被称作遮盖力。用遮盖每平方底材面积所需干颜料的克数来表示，单位是 $g/m^2$。

颜料的遮盖力与吸收的光波波长及总量、折射率、颗粒形状大小等有关，颜料和周围介质折射率相同时，涂料是透明的，折射率之差越大，遮盖力就越大。炭黑、金红石型 $TiO_2$ 是典型的具有强遮盖力的颜料。

（2）着色力

颜料的着色力是指其本身的色彩来影响整个混合物颜色的能力，以白色颜料为基准，要用较多的彩色颜料加入调配，才能与白色颜料一起达到规定的色调，说明该颜料的着色力较差。

着色力可以百分数表示：

$$着色力 = (A/B) \times 100\%$$

式中，$A$ 为待测颜料所需白颜料数；$B$ 为标准颜料所需白颜料数。

着色力是颜料对光线吸收和散射的结果，粒径愈小，着色力愈大。有机颜料比无机颜料的着色力高。

（3）颗粒大小

颜料的表面积、吸油量、遮盖力、流变性质等很多指标与颜料的直径密切相关，颜料通常是不同粒径的混合物。颜料的形状有球形、针形、片形，其堆砌与排列方式也影响着颜料性质，如针状的颜料增强性好，但是光洁度差，片状颜料可防止水分的渗透。

（4）耐光性

颜料的耐光性是影响户外涂料质量的重要一环，无机颜料的耐光性、耐候性远胜于有机颜料。另外，有的颜料高温下还会发生分解，性质会发生变化，此类颜料不能在防火涂料中使用。

**2. 颜料体积浓度**

在进行防火涂料配方设计时，基料填充在颜料颗粒间的空隙内，涂膜以一种多元结构形式存在，各组分之间的体积关系对涂膜质量影响很大，粉料在干涂膜（包括乳液固体分、颜填料等）中所占的体积分数，被称作颜料体积浓度，即 PVC。

$$PVC＝颜料体积/涂膜的总体积$$

它表达出基料与颜料之间的比例，可以粗略反应涂膜的性能。

涂料里包括基料、颜料，基料填充在颜料粒子的空隙中，恰好被完全充满时，涂料达到临界体积浓度，即 CPVC。在 CPVC 点涂膜性质会发生突变，通过此值可以了解涂膜的大致结构，在涂料中乳液、颜填料的种类、用量不同，CPVC 也不同。

在低于 CPVC 时，基料多，颜料颗粒间的空隙被充满，涂膜的连续性及封闭性很好，涂膜光泽户外耐久性好；而高于 CPVC 时，颜料过多，没有足够的基料，形成多孔性涂膜，涂膜质量较差。

**3. 颜料吸油值**

颜料吸油值表示颜料的吸油能力，表明了颜料润湿性。往颜料中滴入油，至滴加的油使颜料粘在一起的最低用油量就是吸油值。颜料吸油值与颜料的化学本质、粒子大小、形状、粒子的堆砌方式等有关，与 CPVC 也存在一定关系，吸油值在涂料达到 CPVC 时呈现。

## 二、颜料的分类

颜料的分类方法很多，颜色、生产方法、来源、组成、用途、结构都可以用来分类。根据来源的不同，颜料可分为天然颜料和合成颜料；根据用途的不同，颜料可分为着色颜料、体质颜料和功能性颜料；按颜料所处的颜色又可分为白色颜料、黑色颜料、黄色颜料、红色颜料、蓝色颜料等。国家标准《颜料分类、命名和型号》（GB 3182—1995）规定了颜料的分类、命名和型号构成与划分的原则与方法。

**1. 白色颜料**

防火涂料中使用的白色颜料有钛白粉、立德粉和氧化锌等。

（1）钛白粉

钛白粉即二氧化钛，耐热性好、无毒、化学惰性。根据晶体结构的紧密程度不同，分为金红石型和锐钛型，钛白粉的相对密度低、折射率高（金红石型优于锐钛型），具有极好的遮盖力，在水性涂料中更易分散。

锐钛型钛白粉在耐候性、抗粉化性和遮盖力等方面不如金红石型，在光照下易粉化，但白度比金红石型高，成本比金红石型低。锐钛型钛白粉主要用于室内场合。金红石型钛白粉在所有白色颜料中遮盖力最高，多用于制备户外涂料或高档室内涂料。钛白粉的加入可明显提高薄涂型钢结构防火涂料的耐火极限。

（2）立德粉

立德粉又名锌钡白，是硫酸钡和硫化锌的等分子化合物，遮盖力相当于钛白粉的 20%～25%。耐碱、耐热性好，但遇酸分解放出 $H_2S$ 气体，遇光变暗，易粉化，耐候性差。

成品中所含的杂质氯化锌不能大于 12%。立德粉的品种因硫化锌的含量不同而不同，一般立德粉中硫化锌含量为 28%～30%，但也有硫化锌含量高达 60% 的品种。

锌钡白不宜用于室外涂料，主要用于碱性基材如石灰墙面和混凝土的内墙涂料中。

（3）氧化锌（ZnO）

又称锌白，是一种白色粉末，不溶于水，易溶于酸，尤其是无机酸中。折射率在 2.0 左右，遮盖力不高，但具有很好的耐光、耐热、防霉性及耐候性。可使涂膜柔韧、牢固、不透水，因而能阻止金属的锈蚀。

ZnO 带有碱性，能和微量游离脂肪酸作用生成锌皂，有使涂料变稠的倾向。ZnO 遮盖力小于锌钡白及钛白粉，但颜色纯白，具有吸收紫外线的能力，良好的耐热、耐光及耐候性，不粉化，适用于户外涂料，也特别适用于含硫化物的环境，因为 ZnO 能与硫结合成硫化锌（ZnS），ZnS 也是一种白色颜料。

（4）锑白

即 $Sb_2O_3$，结晶体细腻易磨，易溶于酸、碱。外观洁白，遮盖力仅次于钛白粉，与锌钡白相近。耐候性比锌钡白好，抗粉化性好。耐热、耐光性均好，对人体无毒，粉化性较立德粉好，耐热性好。

锑白是重要的阻燃剂，锑白在高温下和含氯树脂反应生成氯化锑，防止火势蔓延。但单独用于涂料中，干性不好，使涂膜较软，因此必须与氧化锌配合使用。

因其相对密度较大，价格较高，故锑白仅限于防火涂料中使用。

（5）液体颜料

液体颜料是遮盖性聚合物的俗称，又称不透光聚合物、塑料填料，是一种高玻璃化温度的苯乙烯-丙烯酸酯共聚物，由于玻璃化温度高，此聚合物不能成膜，用在乳胶涂料中发挥的是填充作用，具有相当的遮盖能力，因而称之为液体颜料。

聚合物的粒子结构独特，具有一定的光散射能力。它的粒子核中空，其中的空气可以进一步散射光线，形成很好的遮盖效果。可以在聚合物空心球中放入少量的 $TiO_2$，提高遮盖效果。

在发达国家中，作为颜料、填料的品种之一，该类产品的产量仅次于钛白高居第二位。

### 2. 黑色颜料

涂料中可用的黑色颜料有炭黑、氧化铁黑两种无机颜料。

（1）炭黑

炭黑为黑色粉末，质轻、极细，化学性质稳定，耐酸、耐碱、耐溶剂，具有隔热和导电性。具有极高的遮盖力、着色力、耐光性、耐候性，是用量最大的黑色颜料。

炭黑的粒径不同，特性明显不同。根据生产原料及方式不同，炭黑可划分成不同类型，有灯黑、槽黑、热裂黑、乙炔黑、炉黑。

涂料中使用最多的是槽黑，其粒径小且具有最高的黑度。灯黑粒径大，具有比其他炭黑要低的着色力，主要用于制造灰色涂料。

（2）氧化铁黑

氧化铁黑带有永久磁性，是遮盖力、着色力、耐碱性、耐候性都较好的颜料。铁黑用于涂料可以增强涂膜的机械强度，且有一定防锈的能力。超过250℃后，铁黑转化为铁红，漆膜也转为红色。

### 3. 红色颜料

（1）氧化铁红

有天然型和合成型两种类型。氧化铁红着色力好、遮盖力强，耐碱、耐酸（不耐热浓酸），耐热性＞1200℃，耐候性强，耐光，且强烈吸收紫外线。该类颜料价格低廉，在底漆中使用较多，主要原因在于氧化铁红能形成致密的涂膜，具有物理防锈效果。

（2）镉红

该类颜料根据所含 CdS、CdSe 的比例不同，颜色由橙红色到紫红色，着色力随红色的加深而变差，而耐光性反之。耐热、耐光、耐候，价格昂贵，仅用于耐高温漆。

颜料中还有一类有机颜料颜色齐全、色泽鲜艳；着色力强，遮盖力、耐光性、耐热性等较差，如甲苯胺红、大红粉等，价格昂贵，实际应用不多，仅供参考。

## 三、填料

填料也被称为体质颜料，因此将其列入此章。填料是不溶于基料和溶剂的固体微细粉末，没有着色力，遮盖力也较差，但能增加涂膜的厚度和体积，影响涂料的物理性能和化学性能。

涂料中填料所起的主要作用包括：增加涂膜的厚度，使涂膜丰满坚实；防止密度大的颜料沉淀；调节涂料的流变性能、光学性能，增强涂膜的化学性能、耐水性、耐磨性和稳定性。钢结构防火涂料中的颜填料最主要的作用是防锈、防火。

填料分为碱土金属盐类和铝、镁等轻金属盐类，常用的填料有碳酸钙、滑石粉、硫酸钡、高岭土、硅灰石粉、云母粉、膨润土、石英粉、凹凸棒土、石棉粉、硅藻土、纤维棉等。

### 1. 碳酸钙

碳酸钙分为重质碳酸钙和轻质碳酸钙两类。价格低廉，耐光、耐候性好，具有一定的保色性和防霉性，起填充和骨架作用，在涂料中最为常用，可降低涂料成本。

重质碳酸钙又称大白粉、石粉等，是石灰石（方解石）粉末，根据生产方法不同，分为水磨石粉和干磨石粉两种。干磨石粉质地粗糙、密度较大、难溶于水，溶于酸会释放出二氧化碳，可作填料使用。

轻质碳酸钙是沉淀碳酸钙，与重质碳酸钙相比，相对密度小、颗粒细，着色力和遮盖力强。易吸潮，有微量碱性，不溶于水，但当水中含有二氧化碳时，能微溶，遇酸即溶，不宜与不耐碱的颜料同时使用，被大量用作填料。

### 2. 滑石粉

滑石粉由天然滑石矿石磨细而成，为白色和淡黄色细粉，白度可高达90％以上，常呈片状、鳞片状或致密块状结合体，玻璃光泽，在已知矿物中硬度最低，有滑腻感，极软，化学性质不活泼，耐热性好，疏水亲油，在水性涂料中使用时易沉淀，在溶剂型涂料中能防止沉淀、涂料流挂，并能在涂膜中吸收伸缩应力，避免和减少发生裂缝和空隙，是建筑涂料生产中很重要的一种填料。

### 3. 硫酸钡

天然重晶石粉、人造沉淀硫酸钡稳定性好、耐酸碱，广泛用于调合漆、底漆和腻子中。

### 4. 云母粉

云母粉由云母矿石磨成，属于硅酸盐类，应用于涂料中可以提高涂膜的耐候性、耐热性、耐碱性、耐酸性、耐水性、抗冻性，增强涂膜与基层附着力和涂膜强度，改善涂膜的表观，能提高涂膜的耐污染性，是一种优质填料。

### 5. 高岭土

高岭土又称水合硅酸铝瓷土、白陶土等，外观为白色粉末，质地松软、洁白，具有化学惰性、良好的流动性，价廉，遮盖力很差，但和钛白粉一起使用可起增量剂的作用而提高涂料的遮盖力。高岭石晶体中高岭石的含量可在97％以上，天然高岭土中常有少量二氧化钛、氧化铁和碱金属氧化物等杂质。

煅烧超细高岭土是近年来开发的一种新型功能性填料，其颗粒细微、湿润、分散稳定性好，可选择与钛白粉同样粒径范围的高岭土代替涂料中20％的钛白粉而不会降低遮盖力。

### 6. 膨润土

膨润土以蒙脱石为主要成分，有良好的触变性、可塑性，比一般黏土更能吸附水，增大涂料的稠度，改善涂料的悬浮性、防沉性、粘接性、成膜性、储存稳定性和施工性能，提高涂层的耐水性、耐洗刷性、遮盖力，降低成本。

膨润土在吸附水时体积增大，形成凝胶状物质，体积最高可膨胀至原体积的十几倍，烘干后，反复处理并不影响其性能。钠基膨润土在水性涂料中起增稠和悬浮作用，经过有机改性的膨润土用于溶剂型涂料的增稠与悬浮。

### 7. 硅灰石粉

硅灰石粉由天然矿石硅灰石磨成，其主要成分是偏硅酸钙，热膨胀系数小、无毒，耐化学腐蚀、耐老化，具有玻璃或珍珠光泽。能增大涂膜的遮盖力、封闭性、耐磨性和耐久性，提高涂膜反射紫外线的能力，能作为涂料的平光剂、悬浮剂、增强剂。

硅灰石粉可代替10％～40％的钛白粉，因此，硅灰石粉可作为钢结构防火涂料中的部分白色颜料。

### 8. 石英粉

石英粉由天然石英石或硅藻石去除杂质后制成，外观为白色或灰白色粉末，主要成分是二氧化硅，质地坚硬，耐磨性好、吸油量小，不溶于酸，但能溶于碳酸钠中，其缺点是不易研磨，容易沉底。经常用作腻子、底漆的填料。

### 9. 凹凸棒土

凹凸棒土是一种含水镁铝酸盐矿物。呈棒状、纤维状晶体形态，并带有多孔结构，具有较大的比表面积，其外观一般呈青灰色或灰白色，含白云石多者呈白色，土质细腻。与碳酸钙合用能提高涂膜的耐洗刷性、黏度、遮盖力，降低涂料沉降分层率，国内资源丰富，价格便宜。

### 10. 石棉粉

石棉粉由天然石棉（纤维状矿物）经粉碎而成，为白色或淡黄色粉末，主要成分是硅酸钙镁的混合盐。常用的是含水硅酸镁，耐酸、耐碱、耐热稳定性均很好，热导率小，可用作建筑耐热涂料、防火涂料、隔热涂料的填料。

## 第三节 阻燃填料

防火涂料中不仅需要加入前节所述的颜填料提高涂料的耐久性等综合性能，重要的是加入一些无机的耐火填料改善涂料的耐火性能，阻燃填料同时也会改善涂料的一些理化性能。

卤系阻燃剂占我国阻燃剂的 80% 以上，其中氯系（主要是氯化石蜡）69%，并有出口；但溴系不足，每年仍需进口；无污染、低毒的无机系仅占阻燃剂的 17%，其中有一半为三氧化二锑，而氢氧化铝、氢氧化镁还不到 10%。

## 一、卤系阻燃剂

高聚物所用阻燃剂主要有含卤化合物、含磷化合物、卤-磷化合物、无机添加剂及膨胀型阻燃剂。目前最常用也最有效的阻燃剂是卤系阻燃剂，特别是十溴二苯醚、十溴二苯基乙烷、1,2-双（四溴邻苯二甲酰亚胺）乙烷等溴系阻燃剂，但卤系阻燃剂最大的缺点是它燃烧时产生大量的有毒气体及烟。

主要阻燃剂品种有 42 型、52 型氯化石蜡，还有少量的 70 型氯化石蜡、多溴二苯醚、六溴醚、八溴醚、聚 2,6-二溴苯醚、四溴双酚 A 及其低聚物、磷酸烷（芳）基酯、氯（溴）化磷酸酯等。

### 1. 氯系阻燃剂

氯系阻燃剂的耐热性及耐光性要优于溴系阻燃剂。氯系阻燃剂主要有氯化石蜡、得克隆、海特酸等。氯系阻燃剂以含氯量较高的氯化石蜡为主，氯化石蜡的产量和用途最大，为树脂状白色粉末。

氯系阻燃剂燃烧时会释放四氯化碳，严重污染环境，因此氯化石蜡按四氯化碳质量分数分为 3 个等级：四氯化碳＜0.1％的可以使用；四氯化碳含量为 0.1％～1.0％的为有害；含四氯化碳≥1％的有毒，禁止使用。

### 2. 溴系阻燃剂

溴系阻燃剂是目前世界上产量最大的有机阻燃剂之一，已经逐渐取代氯系阻燃剂，在火灾早期快速分解，比氯系阻燃剂阻燃效率更高。

溴系阻燃剂的最大缺点是在燃烧时会生成大量的烟和有毒气体，而且降低了聚合物对紫外线的稳定性，所以其使用受到了一定限制。现在一些研究部门正通过提高溴含量和增大相对分子质量来改变这种状况。

瑞士发现卤素阻燃剂在高温下热分解产生有毒的多溴二苯英和多溴二苯并呋喃，欧洲已提出限制该类阻燃剂的使用，在此情况下，无机阻燃剂用量得到了高速增长。

## 二、无机阻燃剂

无机阻燃剂是使用最早、用量最大的添加型阻燃剂。在应用时填加量大，会降低制品的力学性能、加工性能，近年来，超细化、活性化、复合化成为无机阻燃填料发展的趋势。

### 1. 氢氧化物

氢氧化物包括氢氧化铝、氢氧化镁等。

（1）氢氧化铝

氢氧化铝通过吸热实现阻燃目的，受热发生分解反应，会释放出水，可以冷却、稀释周围的热空气，脱水形成的氧化铝层吸收可燃物，降低材料在燃烧时释放出的烟气含量，因此协助系统达到好的耐燃效果。

涂料中加入氢氧化铝后可以增加涂料的耐火极限，并且使涂料提前发泡，但是加入量少的时候效果不明显，当氢氧化铝加入量过多时涂料产生裂纹，影响涂料的整体性能，因此氢氧化铝的加入量不能超过 4％。

（2）氢氧化镁

氢氧化镁为白色粉末，难溶于水，但溶于强酸性溶液。吸热量比氢氧化铝要高出约 17%，热分解温度高出 60℃。在抑制烟气方面也比氢氧化铝较优。高纯、超细的氢氧化镁既能增强涂层，又能阻燃，具有很好的深度开发和广阔的应用前景。

（3）类水滑石

类水滑石是一种层状双金属氢氧化物（layered double hydroxides，LDHs），在 50~220℃ 时释放水和 $CO_2$，稀释可燃气体，并形成致密的炭化膜隔绝氧气的进一步侵入，加强材料的阻燃性能；另一方面，生成的复合金属氧化物具有碱性，吸附热分解时释放的酸性气体，兼具抑烟性。

纳米类水滑石可代替阻燃涂料中的钛白粉，当其加入量为 1.9%（是常规 $TiO_2$ 的 0.27 倍）时，涂料的耐火极限比以 $TiO_2$ 为阻燃填料时的最佳耐火极限多 7min。

**2. 锑化物**

锑系阻燃剂可大大提高卤系阻燃剂的阻燃性能，用量最大的是三氧化二锑，为白色结晶，受热时呈黄色，不溶于水和乙醇，溶于盐酸、浓硫酸、浓碱、草酸和发烟硝酸等。在卤锑阻燃体系中，与溴系阻燃剂的协效作用较好，部分三氧化锑可用硼酸锌、氧化锌等代替，改善阻燃性、抑烟性能。

**3. 硼化物**

锑化物具有一定的毒性，硼化物作为锑化物的替代品出现，被广泛应用。通过脱水机理实现阻燃性能，阻燃、抑烟、成炭性好，无毒、价格低廉。

硼系阻燃剂最常用是硼酸锌，根据锌与硼比例的不同，种类较多，为白色结晶，热稳定性好，熔点 980℃，在 300℃ 以上才失去结晶水。常与其他阻燃剂混合使用，发挥阻燃协效作用和抑烟功能。

与有机高聚物的相容性较差，添加于高分子材料中，对材料的加工性、机械性产生一些不良的影响，经过改性转为亲油性，可以增加其相容性。

**4. 磷系阻燃剂**

磷-卤型有机磷系阻燃剂采用磷-卤协同作用，受热分解时能产生偏磷酸、三卤化磷和三卤氧磷等，发挥凝聚相和气相阻燃作用。国内外销量一直呈递增趋势，但国内多是价格低廉的低相对分子质量、液态的三卤代烷（芳）基磷酸酯，易"迁移"、挥发性大、耐热性差，因而使用范围受到限制。

（1）磷钼酸盐

防火涂料中的卤系阻燃剂、锑类化合物发烟量较大，钼化物迄今被认为是最好的消烟剂，如三氧化二钼、八钼酸铵等。材料受热过程中钼化合物能促进分子间的交联反应生成炭化物，增加成炭量，提高氧指数，减少可燃性组分，降低生烟速度和密度，从而达到抑烟目的。

磷钼酸盐含有具有良好阻燃作用的磷元素和具有高效抑烟作用的钼元素，是一种新型高效阻燃抑烟剂。高温下分解吸收热量，炭层覆盖于被阻燃材料表面，将外部的氧、挥发性可燃物和热与内部基材隔开而达到阻燃的目的。磷钼酸盐缺乏卤-锑协同效应，用量相同的磷钼酸钙的阻燃效果不如 $Sb_2O_3$。

（2）红磷

红磷为红色到紫红色粉末，不溶于水、稀酸和很多有机溶剂，但是，略溶于无水乙醇，溶于三溴化磷和氢氧化钠水溶液。在空气中红磷不会自燃，加热到200℃时着火，在400～450℃的温度下，红磷解聚形成白磷，遇水形成含氧酸，可覆盖于被阻燃材料表面，加速脱水炭化，形成的液膜和炭层，则可将外部的氧、挥发性可燃物和热与内部的基材隔开而有助于燃烧中断。

红磷比其他的磷系阻燃剂阻燃效率高，微胶囊化的红磷与普通红磷相比，阻燃效率更好，改善了与树脂的相容性，低烟、低毒，耐候性及稳定性都很好。

**5. 粉煤灰**

粉煤灰是燃煤电厂排出的废弃污染物，火电厂粉煤灰的主要氧化物组成为二氧化硅、三氧化二铝、氧化铁、氧化钙等。颜色在乳白色到灰黑色之间，反映含碳量的多少。其资源化利用，可减小环境负荷。在水泥混凝土中掺加粉煤灰是配制现代水泥混凝土常见的技术措施，可改善材料的早期力学性能。

**6. 无机纤维**

无机纤维以矿物质为原料制成，主要品种有玻璃纤维、石英玻璃纤维、硼纤维、陶瓷纤维和金属纤维等。

无机纤维棉即各类岩棉、矿渣棉、玻璃棉、硅酸铝棉等，具有不燃、不腐、不蛀、不老化等特性，且其密度轻、热导率低、防火无毒，化学性能稳定，使用周期长，但纤维性脆、易折断。可少量添加在防火涂料中，防火性能优异，抗冲击性能优越，受火时可抵抗炭质层变形产生的断裂。

### 7. 空心微珠

空心微珠也被称作漂珠，外观为灰白色或纯白色，是一种中空球形粉体材料，以天然矿石为主要原料，由二氧化硅、三氧化二铝经过1000℃以上高温烧制分选而成，直径为5～1000μm，其直径越大，空心率越高。空心微珠具有轻质、隔声、隔热、保温、阻燃、强度高、密度小、吸水率低、耐磨、高分散、电绝缘和热稳定好等特点，分散性和流动性好，化学稳定性高，并且抗压强度高。广泛用于保温防火涂料、胶黏剂、工程塑料、改性橡胶、玻璃钢、人造石等。

### 8. 膨胀珍珠岩

膨胀珍珠岩是珍珠岩矿砂经高温焙烧制成，内部为蜂窝状结构，外观为白色颗粒。由于在1000～1300℃高温条件下其体积迅速膨胀4～30倍，被称为膨胀珍珠岩。其价格低廉、耐火良好、强度较高、热导率较低，被广泛应用于建筑领域，是无机保温材料中的主要保温骨料，闭孔率是热导率的关键指标，但其膨胀过程存在很大随机性，控制闭孔率、降低热导率极其困难。

### 9. 蛭石

蛭石属于硅酸盐，天然、无毒，一般与石棉同时产生。加热到200～300℃后会沿其晶体的c轴产生蠕虫似的剥落，具有较低的热导率和体积密度，隔热、保温、防火、反射热辐射且价格低廉，广泛用作轻质建材、吸附剂、防火绝缘材料、机械润滑剂、土壤改良剂等，经膨胀后的蛭石产品的应用更为广泛。

### 10. 海泡石

海泡石颜色多样，是一种具层链状结构的含水富镁硅酸盐黏土矿物，一般呈块状、土状或纤维状集合体。其质轻、隔热、绝缘、抗腐蚀、抗辐射、收缩率低、可塑性好、比表面大、吸附性强、溶于盐酸、热稳定性好。广泛应用于废水处理、化肥、饲料、建材和卷烟过滤等。

　　无机型阻燃剂由于添加量大，具有较强的极性与亲水性，同非极性聚合物材料相容性差，严重影响力学性能，将微胶囊技术、偶联剂应用于阻燃剂中，可防止阻燃剂迁移、提高阻燃效力、改善热稳定性、改变剂型等，复合与增效组分，氢氧化铝的超细化、纳米化起刚性粒子增塑增强的效果。

　　另外，在实际应用中，有大量的阻燃剂复配使用。氢氧化镁、氢氧化铝、红磷、三氧化二锑、硼酸锌等复合无机阻燃剂，都会同时出现在涂料的配方中。

# 第五章

# 溶剂和助剂

## 第一节 溶 剂

　　用来溶解和稀释动植物油、树脂、纤维素衍生物等涂料成膜物质的挥发性液体（如松节油、松香水、二甲苯、醋酸乙酯等）即为溶剂。钢结构防火涂料中的溶剂还包括水，都是涂料的主要成分。以有机溶剂为分散介质的溶剂钢结构防火涂料，粘接性、耐火性能更好。

　　涂料被涂刷到基层上以后，依靠溶剂和水分的蒸发，涂层逐渐干燥硬化，最后形成均匀的连续性的涂膜，因此，溶剂和水一般被称为辅助成膜物质。

### 一、溶剂的作用

　　溶剂是挥发组分，在钢结构防火涂料中占很大的比重，一般在50％左右，有些依靠溶剂挥发而干燥成膜的挥发性涂料所占比例可高达70％～90％。溶剂作为分散介质，最终将全部挥发，但它既能溶解基料树脂，又能用于控制涂料黏度，满足储藏、施工要求，对涂料的制造、生产成本、储存、施工、涂膜的形成、涂膜质量均产生很大的影响。

### 二、溶剂的品种及分类

　　在钢结构防火涂料施工时，也用溶剂来调节涂料的黏度以及清洗施工工具、设备和容器,此时所用的溶剂一般称之为稀释剂。溶剂与稀释剂材料相同,纯度有差。一般能够完全溶解涂料基料的为真溶剂,促进涂料基料被溶解的为助溶剂,只能稀释涂料溶液的为稀释剂,这种以性能区分的方法非常常见。

按挥发速度划分,溶剂主要分为高沸点和低沸点溶剂。挥发速度决定于溶剂本身的沸点、相对分子质量以及分子结构三大因素,低沸点溶剂的沸点在100℃以下,挥发快,用量多时,易引起涂膜发白、流平性差,此类溶剂包括丙酮、乙酸乙酯等;中沸点溶剂的沸点在100~145℃,挥发速度适中,有一定的抗白性,多用作稀释剂,此类溶剂包括乙酸丁酯、乙酸戊酯等;高沸点溶剂的沸点在145℃以上,挥发速度慢,此类溶剂包括乳酸丁酯、环己酮等。混合溶剂要注意各组分的挥发速度平衡。

按氢键强弱和形式划分,溶剂主要分为弱氢键溶剂、氢键接受型溶剂和氢键授给型溶剂。弱氢键溶剂包括烃类和氯代烃类溶剂,如石脑油、200♯溶剂汽油、环己烷、甲苯、二甲苯、高沸点芳烃溶剂等。其中二甲苯最为常用,溶解力强,挥发速度适中,虽然二甲苯毒性低于苯、甲苯,但是其在空气中的浓度也有限量;氢键接受型溶剂包括酮和酯类,酮类溶剂价格低廉,酯类溶剂有芳香味。常用的酮、酯类溶剂有丙酮、丁酮、甲基异丁基酮、环己酮、乙酸乙酯、乙酸丁酯、甲基乙二醇乙酸酯等;氢键授给型溶剂包括醇类和醇醚类溶剂,常用的有甲醇、乙醇、异丙醇、正丁醇、异丁醇、乙二醇、丙二醇、乙二醇丙醚、乙二醇丁醚、一缩乙二醇单丁醚等。

按极性来分,溶剂可分为高极性溶剂、中极性溶剂、低极性溶剂;按毒性大小来分可分为强毒性溶剂、中毒性溶剂和弱毒性溶剂;按危害程度来分可分为Ⅰ级(极度危害)溶剂、Ⅱ级(高度危害)溶剂、Ⅲ级(中度危害)溶剂和Ⅳ级(轻度危害)溶剂。

## 三、溶剂的基本性能

溶剂的主要参数有溶解力、黏度、挥发速度、闪点、沸点、自燃点、毒性以及纯度、密度、颜色、含水率、酸碱度、气味、不挥发物等。

### 1. 溶剂的溶解力

溶解力是溶剂最重要的能力,对涂料的润湿和流平取决于溶剂的溶解力。

溶解力的强弱可通过溶液的形成速度或一定浓度溶液的黏度来判定。溶解力越强，溶解速度越快，溶液的黏度越低，储存性能越好，可以容忍非溶剂的加入量越多。

（1）相似者相溶原则

"相似者相溶"是判断溶解力的经验式理论，结构和性质相近的溶剂和高聚物可能相互溶解，非离子型的化合物的溶解度主要取决于它们的极性，非极性或极性弱的化合物溶于非极性或极性弱的溶剂；极性强的化合物溶于极性强的溶剂。依此原则，在涂料中，烃类溶剂是烃类聚合物的溶剂，含氧溶剂（酮、酯类）是含氧树脂的溶剂。

但也有不符合此项原则的溶剂，如极性的硝基甲烷就不能溶解极性的硝化纤维素，混合溶剂对聚合物的溶解力更难以确定，因此引入溶解度参数。

（2）溶解度参数

溶解度参数是物质内聚能密度的平方根，表示分子间力，是按照溶剂和溶质的氢键强弱来划分的，判断溶剂对溶质（高聚物）的溶解力的大小。

溶解度参数用 $\delta$ 表示。醇类溶剂 $\delta$ 的范围为 $11\sim14$，酮类溶剂 $\delta$ 的范围为 $8\sim10$，醚类溶剂 $\delta$ 的范围为 $9\sim10$，酯类溶剂 $\delta$ 的范围为 $8\sim9$，脂肪烃类溶剂 $\delta$ 的范围为 $7\sim8$，芳香烃类溶剂 $\delta$ 的范围为 $8\sim9$。

溶解度参数相等或相近，溶剂和基料之间具有较好的相容性，溶解力较大。如环氧树脂可以溶解于酮类、醚类和酯类溶剂中，而不溶解于烃类和醇类溶剂中。

**2. 挥发速度**

溶剂的挥发速度影响涂料的干燥、流平和成膜性，常用对某种标准溶剂，如醋酸丁酯或乙醚进行比较而得到的相对挥发数值来表示。混合溶剂的挥发速度，由于形成共沸物等原因可能比它们各自的挥发速度快或慢。

**3. 黏度**

溶剂的黏度对涂料的黏度有很大影响，在配制涂料时，为使其黏度满足要求，必须考虑溶剂的黏度。

### 4. 蒸馏范围

蒸馏范围表示溶剂纯度，纯溶剂在一定气压下的沸点固定，蒸馏范围包括溶剂的初馏点、蒸馏 50％ 及 99％ 体积时的温度。

### 5. 易燃性

溶剂的易燃性直接影响涂料产品在生产、储存、运输、涂装过程中的起火及爆炸的危险程度，要充分考虑溶剂的易燃性。

（1）闪点

闪点是评价溶剂燃烧温度的指标。可燃性液体受热时蒸气散发，随着蒸气浓度的逐步加大，液体表面上的蒸气和空气的混合物接触明火，初次发生蓝色火焰的闪光时的温度称为闪点。达到闪点后继续加热，液体接触火源会发生燃烧。闪点越低、危险越大，而溶剂的密度越小、挥发速度越快，闪点就越低。

闪点测定方法有开杯式和闭杯式，开杯式的测试结果用于测定高闪点溶剂及暴露空气，如溶剂溢出时的危险程度。闭杯式的测试结果用于测定低闪点溶剂及密闭容器中的危险程度。美国运输部是按闭杯试验的结果制定易燃液体运输规范的。

（2）自燃

有机溶剂受热后发生氧化反应产生热量，致使温度继续升高，氧化反应加剧，最后导致自燃起火。溶剂不需火源即可自行起火并继续燃烧的最低温度称作自燃点，溶剂的自燃点表示溶剂容易发生火灾的程度。溶剂使用过程中，应注意通风，并排除火源。

### 6. 毒性

一切挥发性的有机溶剂，与人体接触，通过皮肤、消化道和呼吸道被吸收会形成中毒，包括急性中毒和慢性中毒。高挥发速率的溶剂毒性更大。

弱毒性溶剂基本上无害，长时间使用对健康没有什么影响，包括戊烷、石油醚、轻质汽油、己烷、庚烷、200 号溶剂汽油、乙醇、乙二醇、丁二醇、氯乙烷、醋酸乙酯等。

稍有毒害但挥发性低，在通常情况下使用基本无危险，在短时间最大允许浓度下没有重大危害的溶剂，如甲苯、二甲苯、环己烷、异丙苯、环庚烷、醋酸丙酯、戊醇、醋酸戊酯、丁醇、三氯乙烯、四氯乙烯、氢化芳烃、石脑油、硝基乙烷等。

短时间接触也是强毒性的溶剂，如苯、二硫化碳、甲醇、四氯乙烷、苯酚、硝基苯、硫酸二甲酯、五氯乙烷等。

为了避免溶剂危害，使用溶剂的设备尽量密闭操作，保持自然通风或安装强制换气设备等，将生产作业场所的溶剂蒸气浓度严格控制在安全限度以下。

### 7. 相对密度

不同溶剂的相对密度不同，涂料按体积计算成本，选用低密度溶剂有利于降低成本。

### 8. 水分

溶剂中含有水分太多，会对涂料的性能产生不利影响，如溶剂的水分含量太高会使聚氨酯涂膜鼓泡等。

### 9. 表面张力

表面张力是作用于液体表面单位长度上使表面收缩的力，其方向与液体表面相切，各类溶剂的表面张力相对较低。以低表面张力的溶剂配制涂料，表面张力较低。

涂料的表面张力影响施工的湿膜流动，表面张力差会造成涂膜的缩孔。涂料要润湿底材，涂料的表面张力必须小于底材的表面张力。涂料的表面张力越低，涂料在涂装时越容易湿润底材并在底材上铺展，有利于促进涂料的流动和流平。

## 四、钢结构防火涂料常用溶剂

钢结构防火涂料常用的溶剂有烃类溶剂、醇类溶剂、醇醚类溶剂、酯类溶剂、酮类溶剂等。一般为各种牌号的溶剂油，如苯、二甲苯、酮、卤代烃等。但由于苯类溶剂对人体的毒性较大，卤代烃污染环境，酮类价格较贵，因此 200 号汽油是溶剂型防火涂料中常用的溶剂。

**1. 烃类溶剂**

烃类溶剂在钢结构防火涂料中较为常用。

（1）200 号汽油

200 号汽油是含有 15％以下芳香烃的脂肪烃混合物，其蒸发速度较慢，能溶解大多数的天然树脂、油基树脂和中油度、长油度醇酸树脂，也可以用作清洗溶剂和脱脂溶剂，还是配制常用涂料稀释剂松香水的主要组分。

（2）甲苯

甲苯无色易挥发，有芳香气味，不溶于水，溶于乙醇、乙醚和丙酮，其蒸气可与空气形成爆炸性混合物。甲苯常用作乙烯类涂料和氯化橡胶涂料的混合溶剂中的一种组成溶剂，在硝酸纤维素涂料中则用作稀释剂。

（3）二甲苯

二甲苯是一种芳香族烃类溶剂，有三种异构体，邻二甲苯、间二甲苯和对二甲苯。常用的是混合二甲苯，三种异构体的混合物，无色、透明、易挥发，有芳香气味，有毒，不溶于水，溶于乙醇和乙醚。用量很大，常用作短油度醇酸、乙烯涂料、氯化橡胶涂料、聚氨基甲酸酯涂料的溶剂，以及用于烘干型涂料和喷涂施工的涂料中。

（4）石油醚

石油醚是石油的低沸点馏分，为低级烷烃混合物。无色透明，易溶于水，能与丙酮、醋酸乙酯、苯、氯仿以及甲醇以上的高级醇类混溶。能溶解甘油松香脂，部分溶解松香、沥青和芳香烃树脂。不溶解虫胶、氯化橡胶、硝化纤维素、醋酸纤维素和苄基纤维素，常被用为萃取剂和精制溶剂。

**2. 酯类溶剂**

（1）醋酸乙酯

醋酸乙酯无色透明，有水果香味。能与醇、醚、氯仿、丙酮、苯等大多数有机溶剂混溶，能溶解植物油、甘油松香脂、硝化纤维素、氯乙烯树脂及聚苯乙烯树脂等，可以用作硝化纤维素、乙基纤维素、聚丙烯酸树脂及聚氨酯树脂的溶剂。

（2）醋酸正丁酯

醋酸正丁酯无色，有水果香味，难溶于水，也较难水解。能与醇、醚等一般有机溶剂混溶，对植物油、甘油松香脂、聚醋酸乙烯树脂、聚丙烯酸树脂、氯化橡胶等有良好的溶解能力，为硝基纤维素涂料、聚丙烯酸酯涂料、氯化橡胶涂料及聚氨酯涂料中常用的溶剂。闪点比较低，为27℃，发生火灾危险性比较大。

**3. 酮类溶剂**

（1）丙酮

丙酮是最简单的饱和酮，强溶剂，无色，易挥发、易燃，气味微香，能与水、甲醇、乙醇、乙醚和氯仿等混溶。丙酮的蒸气与空气的混合物也是可爆炸性气体，常用作乙烯类树脂和硝酸纤维素涂料的溶剂。

（2）环己酮

环己酮也是一种强溶剂，无色油状液体，有丙酮的气味，微溶于水，溶于乙醇和乙醚，空气与其蒸气会形成爆炸性混合物，蒸发速度较慢。主要用于聚氨酯涂料、环氧和乙烯类树脂涂料等。

（3）甲乙酮

甲乙酮是一种蒸发速度较快的强溶剂，主要用于乙烯类树脂、环氧树脂和聚氨酯树脂涂料的溶剂系统。

（4）甲基异丁基酮

甲基异丁基酮的性能、用途与甲乙酮相似，但蒸发速度稍慢一些，甲乙酮和甲基异丁基酮价格较高，主要用来组成混合溶剂，调整混合溶剂的溶解力和蒸发速度，改善涂料的性能。

**4. 醇类溶剂**

（1）正丁醇

正丁醇无色，有酒精的气味，溶于水，能与乙醇和乙醚混溶，其蒸气与空气能形成爆炸性混合物，是挥发速度较慢的溶剂，主要用作氨基树脂、丙烯酸树脂涂料的溶剂，也是硝酸纤维素涂料中的组成溶剂。

（2）乙醇

乙醇即酒精，是一种蒸发速度较快的醇类溶剂。工业酒精中通常含有一定量的甲醇。

**5. 水**

水是制备水性钢结构防火涂料的主要溶剂或分散介质。用于生产钢结构防火涂料的水可为蒸馏水或去离子水，无水溶性盐和机械杂质。

## 五、稀释剂

根据不同溶剂的溶解力、挥发速度和对涂膜的影响等情况可配制成稀释剂，主要应用于涂料的施工，调节黏度以及工件、工具、设备的清洗。

涂料的品种多，成膜物质复杂，能起综合溶解作用的稀释剂一般为混合溶剂。例如，硝基漆的稀释剂一般包括真溶剂，如丙酮、乙酸乙酯等；助溶剂，如乙醇、丁醇等；稀释剂，如二甲苯等。

溶剂在稀释剂中的作用可以转换，以二甲苯为例，在硝基漆稀释剂中只能起到冲淡剂的作用，但对醇酸漆却是真溶剂。因此稀释剂的复配，应从涂料类型出发，考虑质量、节约，合理确定溶剂的品种与配比。

第二节　助　剂

助剂是一种辅助成分，在防火涂料中用量很少，所有助剂的量一般仅占涂料总质量的 1% 以下，但是不同的助剂分别在涂料生产、储存、涂装和成膜等不同阶段发挥作用，可以改善涂料的柔韧性、弹性、附着力和稳定性等各项性能指标，已成为涂料不可缺少的组成部分，标志着涂料的生产技术水平。尤其是对水性防火涂料而言，助剂用量少，作用突出。

## 一、润湿分散剂

涂料作为一个均匀分散的溶液，颜填料、树脂、溶剂三者尽可能细的稳定分散于体系，需使用润湿分散剂才能实现预期效果。

润湿剂、分散剂大部分是表面活性剂，有助于保持分散稳定性，有的助剂兼具润湿和分散的功能。

润湿剂对颜填料具有极强的亲和力，降低它们与基料的界面张力，缩短研磨分散时间。相对分子质量不宜过高。

分散剂吸附在细小的颜填料微粒表面，构成吸附层，防止粒子絮凝，分散剂的相对分子质量较大，可形成较厚的吸附层。

水性体系常用的润湿分散剂有烷基萘磺酸钠、烷基吡啶盐氯化物、聚氧乙烯醚乙二醇烷基芳基醚、聚磷酸盐（焦磷酸钠、磷酸三钠等）、聚丙烯酸衍生物、聚羧酸盐等。

溶剂型体系常用的润湿分散剂有卵磷脂，合成高分子类如多氨基酰胺的高分子羧酸盐、高分子羧酸等。

## 二、流平剂

涂料施工后，缩孔、针孔、流挂、刷痕、橘皮等现象时有发生，影响涂层的理化、防火性能。尤其是在底漆尚未完全干燥，或者在湿度较大的环境中施工时，这些现象更为突出，这种情况与涂料的本质、施工环境及施工密切有关，可以加入流平剂来解决此类问题。流平剂能够延缓涂料中的水分蒸发，延长涂料的铺展时间，消除涂膜的缩孔，改善底材的湿润性，改进涂料流平性。

常用的流平剂包括聚硅氧烷类、醋酸丁酯纤维素类、丙烯酸聚合物类和溶剂型漆流平剂。

水性体系中应用较好的流平剂为丙二醇、乙二醇等。

溶剂体系中应用较好的流平剂为有机改性聚硅氧烷 466、高沸点化合物流平增光剂 THN、醋酸丁酯纤维素等。德国 BYK 公司的溶剂型漆流平剂混合了各种高沸点溶剂，挥发较慢，具有强溶解性，使基料稳定，不会因溶剂挥发而析出。

## 三、消泡剂

涂料中乳化剂、润湿分散剂等表面活性物质的加入，是产生泡沫的主要原因，泡沫使生产操作困难，阻碍分散，形成涂膜缺陷，影响涂膜的综合性能。水性乳胶体系的泡沫问题最为突出，通过消泡剂在气泡表面的吸附，局部改变气泡的表面张力，使泡沫失去平衡而破裂。这就要求消泡剂本身应具有一定的亲水性，但又不能完全溶于水中。

消泡剂是一种不溶性表面活性剂，可分为破泡剂和抑泡剂。非水性涂料用消泡剂多为在有机溶剂中难溶的低级醇、高级脂肪酸金属皂、低级烷基磷酸酯、改性有机硅树脂、二氧化硅与有机硅混合物、有机高分子聚合物等。

水性体系常用的消泡剂有在水中难溶的矿物油、脂肪酸酯、高级脂肪酸、高级脂肪酸金属皂、高级脂肪酸甘油酯、高级脂肪酸酰胺、高级脂肪酸和多乙烯多胺的衍生物、聚乙二醇、聚丙二醇、丙二醇与环氧乙烷的加聚物、有机磷酸酯、改性（或乳化）的有机硅树脂、二氧化硅与有机硅树脂配合物等。乳液涂料常用的消泡剂有磷酸三丁酯、磷酸三苯酯、乳化甲基硅油和乳化苯甲基硅油等。

消泡剂多以复配型为主，消泡剂用量过多或混合不均，将导致施工应用时出现涂膜表面缺陷，如缩孔、针孔、失光、缩边、橘皮等。

## 四、流变剂

涂料的流变性影响产品储存（颜料粒子沉降）、施工（刷涂性、喷涂性等）、转化成膜（流平性、流挂性）等各个阶段，并最终作用于涂膜的外观和性能。

防火涂料颜填料较多，容易发生颗粒沉降或溶剂分层，利用流变剂能获得显著的防沉降效果，表现出很强的触变性，有利于储存、运输和施工。

溶剂型涂料中的流变剂称为触变剂，常用的有气相二氧化硅、有机膨润土、蓖麻油衍生物如氢化蓖麻油、聚乙烯蜡等。另外一些半结晶性高分子，如聚对苯二甲酸丁二醇酯、聚对苯二甲酸二丁酯-对苯二甲酸聚四氢呋喃二醇酯嵌段共聚物能与环氧树脂形成可逆凝胶，使体系具有触变性。有机膨润土具有来源广泛、价格低廉等优点，是涂料中首选的流变剂。

乳胶涂料配方中的流变剂又可作增稠剂。主要有纤维素衍生物如羟乙基纤维素、碱可溶胀树脂如含羧基的丙烯酸树脂、缔合型增稠剂如聚氨酯聚合物等。

缔合型增稠剂包括聚醚聚氨酯类和聚醚多元醇类，流平性和防溅性好，提高光泽，但防流挂性较差。可将几种缔合型增稠剂组合使用，可以使光泽更高，流变性能更好。

## 五、防霉防腐剂

因在钢结构防火涂料中加入了多种助剂，特别是大量的表面活性剂、有机增稠剂和填料等，这些助剂成为微生物生长源，使涂料容易发霉变质，黏度下降。水性钢结构防火涂料的腐败和霉变更甚，为了防止水性钢结构防火涂料的霉变，可以加入防霉防腐剂。

一般而言，能够杀死、阻止或抑制微生物和细菌生存的物质称为防霉防腐剂。在钢结构防火涂料中使用的防霉防腐剂既能防止涂料在储存过程中腐败变质，又能抑制涂膜长霉。防霉、杀菌剂在不影响涂料质量的前提下具有广谱杀菌能量，且在使用浓度下对人体低毒。防霉、杀菌剂的效能与本身的药效、颗粒大小、分散程度密切相关。防霉、杀菌剂颗粒越大，分散愈差，扩散也就愈慢。

常用的安全非汞型防霉、杀菌剂大多为杂环类化合物，1,2-苯丙异噻唑啉-3-酮（BIT）、赛菌灵、多菌灵、福美双等皆为常用的防霉防腐剂。

## 六、增稠剂

增稠剂也可以称作流变助剂，能够显著提高涂料黏度，在涂料的生产、储存和施工过程中起着重要作用。涂料在不同的阶段要求的黏度不同，在储存过程中，希望黏度越大越好，以防止颜料的沉淀，在施工过程中则希望黏度适中，保证涂料既有较好的涂刷性又不致粘漆过多；在施工后就希望黏度经过短时间的滞后（流平过程），能迅速恢复到高的黏度，以防止流挂。

涂料具有触变性，可以解决涂料各个阶段的矛盾，满足储存、施工、流平、干燥各个阶段对涂料的黏度不同的技术要求。

增稠剂能够赋予涂料很高的触变性，使之在静止或低剪切速率下（如储存或运输）有较高的黏度，以防止涂料中的颜料沉降。而在高剪切速率下（如涂装过程）具有较低的黏度，使涂料有足够的流动、流平性。

增稠剂分为有机和无机两大类。无机类主要是一些活性黏土类产物，如膨润土、凹凸棒土和硅酸铝镁等。特点是除了增稠效果外，还具有很好的悬浮作用，能够防沉，不会影响涂料的耐水性，涂料涂装干燥成膜后在涂料中起到填料的作用等，不利因素是会显著影响涂料的流平性。

有机类中又分为纤维素类和合成聚合物类。纤维素类增稠剂吸水能力很强，使体积大幅度膨胀，显著增加液相黏度，产生增稠效果，包括甲基纤维素、羟乙基纤维素等；合成聚合物类增稠剂对涂膜的光泽和耐水性影响很小，吸附在乳液颗粒表面形成包覆层，乳液粒子的体积增大，还能进入水相，使体系的黏度提高，产生增稠效果。有的合成聚合物类增稠剂的黏度受剪切速率的影响极小，触变性也较小，使涂料获得好的流平性和抗溅落性。包括聚丙烯酸盐、聚甲基丙烯酸盐、丙烯酸或甲基丙烯酸均聚物纤维素等。

## 七、成膜助剂

能够降低乳液涂料的最低成膜温度，在短时间内降低基料玻璃化温度的助剂称为成膜助剂，在成膜时起增塑剂的作用，使乳液的最低成膜温度降低，使乳液涂料能在较低气温下融合成膜；成膜完成后，逐渐挥发，使涂膜的力学性能和硬度恢复到原来水平。

成膜助剂的用量应根据乳液基料品种的不同和施工季节的变化来调整，一般为乳液涂料量的 $2\%\sim6\%$。常用的主要品种有松节油、乙二醇、乙二醇乙醚、乙二醇丁醚、丙二醇、己二醇、苯甲醇、一缩乙二醇、丙二醇乙醚、丙二醇丁醚、乙二醇丁醚醋酸酯和十二碳酯醇等。

## 八、光稳定剂

钢结构防火涂料的耐候性越来越受到关注，但是树脂、颜填料、助剂等都会影响涂膜性能，外界大量存在的自然因素，如日光、温度、大气、腐蚀介质、机械外力等不断地在侵蚀涂膜，针对日光的辐射，可以加入光稳定剂，改善涂膜的失光、变色、龟裂、剥落的现象，提高涂膜的耐候性，延长涂料的有效期，提高涂膜抗老化性能。

钢结构防火涂料光老化的程度根据树脂不同，而有所变化，丙烯酸树脂类、聚氨酯类的耐光老化性很好，而氯化橡胶、聚醋酸乙烯等树脂的抗老化性能则较差。

光稳定剂包括紫外线屏蔽剂、紫外线吸收剂、紫外线猝灭剂和自由基捕获剂。

紫外线吸收剂吸收紫外线，有选择性地把所吸收的能量变成热能或次级辐射能消散出去，本身不会发生化学变化，避免基料遭受紫外线的破坏。种类有邻羟基二苯甲酮类、水杨酸酯类和邻羟基苯并三唑类等。

紫外线猝灭剂能够降低光线的强度，在涂膜受到强光并发生光化学反应之前，把聚合物受到的能量转移，稳定涂膜的分子结构，从而避免聚合物的光老化。常用的猝灭剂是有机镍化合物。

光屏蔽剂能够屏蔽、散射和反射紫外线，防止紫外线辐射危害涂膜。涂料中常用的颜料包括氧化锌、炭黑、酞菁等，都能起到光屏蔽的作用。

一般各类光稳定剂配合使用效果好，其协同效应对涂膜有良好的保护作用。

## 九、增塑剂

增塑剂可以提高涂膜的柔韧性，尤其是脆性的涂料，必须加入增塑剂，降低树脂的玻璃化温度，才能获得柔韧性较好的涂膜。增塑剂的加入对涂膜的拉伸强度、渗透性和附着力都有一定影响，要注意控制加入量。

增塑剂通常是低相对分子质量的非挥发性有机化合物，某些聚合物树脂也可作增塑剂。如醇酸树脂常用作氯化橡胶和硝酸纤维素涂料的增塑树脂。钢结构防火涂料常用的增塑剂有磷酸三甲酚酯、邻苯二甲酸二丁酯、邻苯二甲酸二辛酯、氯化石蜡、癸二酸辛酯、邻苯二甲酸二甲酯、磷酸三苯酯、磷酸三甲苯酯、五氯联苯等。

## 十、防冻剂

水性乳液防火涂料在低温受冻时容易破乳而失效，防冻剂的作用是提高涂料的抗冻性。可加入乙二醇、丙二醇，一般为乳液量的 $3\%\sim8\%$，以降低水的沸点；也可以使用某些离子型表面活性剂，提高冻融稳定性，使其在低温储存时不易破坏。

## 十一、防沉剂

钢结构防火涂料在储存过程中颜填料会因自身的重力作用向下沉淀，通过搅拌可重新分散。但是，添加防沉剂能防止涂料在储存过程中颜填料的沉淀，钢结构防火涂料中常用的防沉淀剂有有机膨润土、气相二氧化硅、硬脂酸锌、硬脂酸铝、聚乙烯蜡等，尤其以有机膨润土使用较多。

# 第六章

# 配方设计

## 第一节 配方设计原则

在钢结构防火涂料的生产和研发过程中，出于新产品开发、原产品性能改进、降低成本、原材料更换或新的原材料利用、新技术等考虑，常常需要进行涂料的配方设计。

钢结构防火涂料需要对钢结构进行防火保护，还应具有涂料的其他常规性能，在进行配方设计时，考虑所有的应用技术指标，确定主要目的，认真分析、分清主次，平衡各种影响因素，实现涂料整体功效。

### 一、一般原则

涂料配方设计的一般原则是提供满足应用要求的涂料产品，采取措施，实现其各项应用技术指标。通过研究使用环境、基材、成本、外观、机械强度、耐久性、耐候性等，调节涂料配方中各组分的用量及其相对比例。

（1）用途

涂料的用途表明涂料的使用条件，亦即涂料的使用环境、基材条件。涂料使用位置不同，如室内、室外、屋面、地上、地下等，各种外界环境，如温度、湿度、光源、化学药品、电流、尘埃等，其他物质以及振动、冲击、风速和风压等，严重影响涂料的使用效果，需要根据用途，从不同方面加强涂料的特性。

基材的大小、形状、腐蚀状态、粗糙程度等表面状态都应深入用户调查、交流，获得详细信息。

（2）技术性能指标

涂料的使用目的、使用年限应按照用户要求，明确涂料所需的主要性能，确定涂料主要性能指标的测试、评价方法。如果没有相关国标、行标可参，应预测应用技术要求，协商验收指标。

（3）搜集资料

涂料研发不可盲目开始，根据既有的专业基础知识，设计实践经验，查阅文献、实验室档案，了解相关产品的技术详情，搜集原料供应商的技术数据，学习、借鉴他人公开的研究成果，灵活运用，奠定自己创新的基础。

（4）配方研制

进行配方研制时，应根据涂料性能指标、市面原材料特性、使用环境等确定主要原材料及各组分的用量范围，了解相互矛盾或相互增长的应用技术指标，如涂膜的交联密度与柔韧性、涂膜的耐磨性与表面摩擦系数、涂膜的亲水性与防水性、涂膜耐蚀性与装饰性等应均衡考虑。

原材料的性能应稳定可靠，尤其是试验室阶段，应选择能提供优质服务的原料供应商，其原料合格稳定，保障涂料性能。首先应确定的原料包括成膜物、颜填料、溶剂和助剂。

① 成膜物。成膜物将涂料中的所有组分粘接为一体，是涂膜的基础结构，它的性质对涂膜的硬度、柔性、耐磨性、耐冲击性、耐水性、耐热性、耐候性等起决定性的作用。应谨慎选择成膜物，保证涂料的应用性能。

② 溶剂和助剂。溶剂的挥发速度、沸点、溶解性、毒性和闪点等是配方设计中应考虑的问题，溶剂应与涂料各组分有良好的相容性，保证涂料的储存稳定性。

涂料中的助剂对改善涂料制造性、储存性、涂装性、成膜性及应用性等有重要作用。应掌握助剂的特性，按照使用方法选用，如硅油应配成1％的溶液、有机膨润土应制成预凝胶等。注意助剂的矛盾效应，如触变型防沉剂会影响流平性和光泽等；有些阻燃剂会影响涂膜防潮性；流平剂过量时，会影响涂膜耐腐蚀性等。

③ 颜填料。根据颜填料的体积分数，考虑颜料的着色力、遮盖力、密度、在基料中的分散性、耐光性、耐候性和耐热性等，选用适当的颜填料。

## 二、基本程序

一个新的涂料配方设计主要包括原料选择及原料之间的合理配比的确定。需要经过配方确定、配制、涂料性能检验、调整配方这样一个反复进行的过程，直至最终得到满意的配方。

### 1. 计量方法

为确定涂料配方中各组分的加入量，需要一个清晰的计量方法，便于操作者按配方设计备料、计量、混合、生产。计量方法可以是份数法和百分比法，计量单位通常都是以质量来表示。

份数法以基料的质量为 100 份，其他组分则以该基料的质量分量为参照。

百分比法以全部组分质量为 100 份，其中各组分占混合物的百分比表示其加入量。该方法有利于进行成本核算。

### 2. 设计方法

配方中原材料品种多，加入的品种、加入量需要通过大量试验确定。选择一种计量单位方法，进行配方设计时，由于各组分的作用复杂且互相影响，可根据经验，注意设计方法的选用，不可盲目试验，增加工作量，可采用传统的数学优化方法，也可应用计算机软件进行配方设计。

（1）单因素法

选定涂料的某一组分，其他组分用量不变，不断地改变选定组分的用量，观察相应配方的关键性能指标，每次试验都要记录试验结果，最佳的试验点可以通过缩小步长确定，最终获得理想的配方设计。

（2）多因素法

涂料配方中原料众多，多因素法更为可行，不同的原料即为不同的影响因素，其添加量差别大，准确、快捷地得到一个合理的配方，应用较多的是正交试验法。

正交试验法利用一种现成的正交表，科学地挑选试验因素，能在很多的试验条件中选出代表性强的少数次条件，通过少数次的试验，找到较好的组合条件，从而得出最佳的试验条件。试验中变量因素越多，减少程度越明显，有时最佳方案不在优选的方案里，也可通过试验结果，推算出最佳方案。

## 三、成本分析

涂料的成本是配方设计时必须考虑的因素，包括原材料、生产、储存和运输等各项成本。保证涂料的所需功能，配方越简单，成本越低，产品的市场竞争力越强。

对涂料的成本进行核算时，需要考虑涂覆一平方米所耗费的涂料费用，可以通过干膜厚度、固含量、涂料利用率确定。

干膜厚度是在涂膜完全干燥后，采用测厚仪测定而得。一般要小于湿膜厚度。钢结构防火涂料工程中，对非膨胀型防火涂料，要求必须测定涂膜厚度，其性能指标也根据厚度不同而不同。

涂料的成本还需要考虑涂料的喷涂效率，一般在喷涂施工中损耗较大，应提前折算。

## 第二节 非膨胀型钢结构防火涂料

非膨胀型钢结构防火涂料根据其使用环境、厚度不同，配方设计会发生变化，基本组成为胶结料（硅酸盐水泥或无机高温黏结剂等）10％～40％；骨料（膨胀蛭石、膨胀珍珠岩或空心微珠、矿棉等）30％～50％；化学助剂（增稠剂、硬化剂、防水剂等）1％～10％；自来水10％～30％。

### 一、常见厚涂型钢结构防火涂料

（1）LG 钢结构防火隔热涂料

该涂料由公安部四川消防研究所于1988年成功研制，将钢结构的耐火极限提高到3h以上，填补了国内钢结构防火隔热涂料的空白，该涂料系无机涂料，无任何有害成分和放射性，符合 A 类装饰材料标准，材料燃烧烟气成分毒性试验达到 AQ1（安全一级）标准。耐候性能优异，工程应用时间超过20年，是国内工程应用最长的钢结构防火涂料。

LG 防火涂料为双组分涂料，其甲组分为稀料，乙组分为干粉料。此种涂料密度小，热导率低，与钢结构附着力强，防火隔热性能好，而且无毒无污染，可直接喷涂，施工方便，在高温作用下涂层不脱落。研究试验表明，喷涂这种防火隔热涂料保护钢构件，可承受1000℃左右的高温达4h之久。在建筑防火及施工中，应根据不同构件的耐火极限要求设计喷涂相应的厚度。该涂料适用于各种建筑物的钢屋架、承重钢柱、钢梁、钢楼板等构件的防火隔热，也可用于防火墙、防火挡板及电缆沟内钢支架等构筑物的防火。

（2）NH（STI-A）室内厚型钢结构防火涂料

该涂料由硅酸盐水泥与膨胀蛭石，以及防火添加剂与复合化学助剂调配等加水拌和而成。具有质量轻、热导率小、防火隔热性能优良等特点，将称量好的粉料、胶料和水加到搅拌机中，经5～8min充分搅拌即可使用，并可根据用户要求调成各种颜色。该涂料可用作各类建筑钢结构及钢筋混凝土梁、柱的防火保护层。

## 二、部分非膨胀型钢结构防火涂料专利

① 河南奥威斯科技集团有限公司发明的一种厚型钢结构防火涂料，由下列原料按照质量配比组合而成：防火涂料：粘接剂：水＝1：0.08：1.2。NH-AWS室内厚型钢结构防火涂料为水溶性涂料，是以无机粘接剂与多种阻燃隔热材料复配而成的，涂层遇火能够形成隔热层，使钢构件在火灾中受到隔热保护，高温时不会产生任何有害气体，其强度不会在火灾的高温作用下急剧下降而导致建筑物垮塌；NH-AWS室内厚型钢结构防火涂料粘接强度高，耐水性优良，耐候性能良好，密度小，耐火时间长，适用于耐火极限高的钢结构建筑物裸露部分防火保护。

② 洛阳大豫实业有限公司发明的一种室外厚型钢结构防火涂料属于建筑材料领域，按照质量比，该防火涂料由10%～20%的天然海泡石绒、4%～6%的轻质碳酸钙、20%～30%的闭孔珍珠岩、1%～1.4%高强耐水胶粉、1.6%～2%的憎水剂、40%～44%的硅酸盐水泥和8.0%～12%的耐火水泥混合而成。采用天然海泡石绒、闭孔珍珠岩、轻质碳酸钙以及高强耐水胶粉混合制备本产品，从而使得高强耐水胶粉中的聚合物长链形成连续地相互穿插而成的网络状结构，显著提高了最终产品的粘接强度，同时还可改善水泥基产品的耐水性能、抗裂性能、耐候性、抗冲击性，使其不仅具备良好的抗化学腐蚀性和耐水性，而且也不易脱落。

③ 西南科技大学发明了一种厚型钢结构防腐、防火一体化涂层的制备方法，制备耐火型钢结构防腐底漆，该底漆由包括丙烯酸防水弹性乳液等乳液、硅酸铝纤维、云母粉、助剂以及水的 A 组分和硅酸盐水泥混合组成；制备厚型钢结构防火涂料，该涂料由包括苯丙乳液等乳液、硅酸铝纤维、粉煤灰漂珠、膨胀珍珠岩、助剂以及水的 C 组分和硅酸盐水泥混合组成；经钢结构表面清洁处理、涂覆防腐底漆、打磨、涂覆防火涂料等步骤，即获得乳液-水泥-硅酸铝纤维体系厚型钢结构的防腐、防火一体化涂层。本发明综合成本低，涂层集防腐、防火于一体，适用于航天、石油、化工、电力、冶金、国防、轻纺工业等各类建筑物承重钢结构件的防腐、防火防护。

④ 北京建筑技术发展有限责任公司发明了一种以膨胀玻化微珠为基材的钢结构防火涂料，显著特点是在传统的有机无机复合钢结构防火涂料的基础上，采用了膨胀玻化微珠和酚醛树脂，得到性能优异的钢结构防火涂料。其中，在无机组分中采用膨胀玻化微珠替代传统轻质骨料，使得该涂料密度低、强度高，理化性能十分稳定，耐老化、耐候性强，绝热、防火、隔声、保温等优异性能；在有机组分中采用酚醛树脂替代传统成膜剂，不需外加阻燃剂，使得涂层具有难燃、热稳定性好、低烟、低毒、力学强度高、抗化学腐蚀能力强、耐候性好等多项优点，克服了普通有机树脂的阻燃性差和受热分解释放有毒烟气的缺点。

⑤ 高建业发明的室外厚型钢结构防火涂料，提供一种以无机矿物隔热组合材料为主的铝酸盐水泥基厚型钢结构防火涂料及制造方法。由粘接剂、改性剂、骨料和增强材料组成。首先将骨料筛分、干燥；将片状云母粉化过筛；增强材料剪断分散；按组分配比将所有粘接剂、改性剂、骨料和增强材料搅拌均匀。通过调节改性剂与骨料各组分以及增强材料的配比，促进铝酸盐水泥粘接料水化完全和含锆型酸铝纤维交联网状结构的形成，改变组分黏度，提高涂层的整体性，同时采用大量粒度不一的轻质耐火组分，以使涂层密实并降低涂层密度；涂层粘接性、耐水性和柔韧性高，不易爆裂脱落、粉化、受潮，附着力好。

⑥ 海洋化工研究院有限公司发明的一种抑烟型室外阻燃钢结构防火涂料由粘接剂、粉料、骨料、阻燃剂、抑烟剂以及增强材料组成。将水泥以外的粉料、粘接剂粉化并过筛；增强纤维均匀分散；按组分配比将所有添加剂、粉料与水泥混合活化，搅拌均匀。利用所添加的空心微珠的热反射和膨胀珍珠岩的特点实现防火涂料的保温性能；利用所添加的阻燃剂和抑烟剂的

特点实现防火涂料的抑烟和阻燃性能；赋予涂层水泥的刚性以及聚合物的柔性，涂层密度低，粘接性、耐水性、柔韧性好，附着力高，不易受潮、粉化、脱落。

⑦ 青岛德固建筑材料有限公司发明了一种厚涂型钢结构防火涂料，由以下质量份数的原料制成：膨胀珍珠岩 20～35 份；片状云母 10～20 份；含锆型硅酸铝纤维 2～4 份；铝酸盐水泥 18～26 份；氯化石蜡 6～10 份；余量为水。该厚涂型钢结构防火涂料减少了涂层高温或骤冷条件下易爆裂、脱落，常温下易粉化、受潮、附着力差等缺点。同时具有原料来源丰富且价格低、制备简单、使用方便、易储存、成本低、环境友好无污染等特点。

⑧ 盐城苏东消防工程有限公司采用改性半水石膏为粘接剂，膨胀蛭石、珍珠岩、云母、特制添加剂（WH）、复合改性剂（FH）、轻质碳酸钙按质量比（450～430）∶（115～130）∶（160～140）∶（30～40）∶（3～5）∶（8～12）组成，且上述物料按序放入搅拌器搅拌 20s。具有涂层不收缩、强度增长快、防火性能和抗裂性都有明显改善等优点。

⑨ 白树军发明一种住宅钢结构防火涂料，由粉料组分和胶料组分组成，粉料组分每吨中含有无机胶结料 400～550kg、保温隔热材料 250～400kg、防火填料 100～200kg，胶料组分每吨中含有高温硅酸铝纤维 60～100kg、水 900～940kg，将粉料混合均匀后，按粉料组分∶胶料组分＝2∶1 的质量比搅拌混合即得。粉料组分中的无机胶结料可以是水泥和石膏粉；保温隔热材料可以是蛭石和膨胀珍珠岩；防火填料可以是石灰石粉和硅灰石粉。该防火涂料不含高分子聚合物，涂层附着力强，是耐水性、耐候性好的住宅钢结构防火涂料。

## 第三节　水性膨胀型钢结构防火涂料

水性涂料能够降低成本、减少污染、满足环保法规和提高建筑物装饰水平，作为钢结构防火涂料的主要品种得到了大力的推广和应用。与溶剂型涂料相比，水性涂料优点突出，不污染环境，安全无毒，无火灾危险，施工便利，清洁方便，涂膜干燥快，透气性好。

膨胀型防火涂料的防火助剂一般占干膜质量的 60%～80%。炭化剂、催化剂、发泡剂三个防火助剂按一定的比例配合。以磷酸盐为成炭催化剂的膨胀型防火涂料中，催化剂、炭化剂、发泡剂三个组分中催化剂占 40%～60%、炭化剂占 20%～30%、发泡剂占 30%～40%，可得到高效率的泡沫炭化层。

## 一、常见水性膨胀型钢结构防火涂料

（1）SC-2 室内、室外薄型钢结构防火涂料

SC-2 室内、室外薄型钢结构防火涂料由水溶性的复合树脂、阻燃材料、防火添加剂等组成，涂层在受火时膨胀增厚，形成耐火隔热屏障，阻止热量迅速传向钢材。使用该涂料能使钢结构的耐火极限由 0.25h 提高到 3.0h 以上，满足有关防火规范要求。

（2）BGW-90 室外薄型钢结构防火涂料

该涂料是由福建省华强涂料工业有限公司研发的专利产品，由合成树脂以及无机耐火材料构成，遇火发泡膨胀形成坚实的防火隔热层，适用于钢结构的防火保护。

## 二、部分水性膨胀型钢结构防火涂料专利

① 编者研发了一种石墨型膨胀防火涂料，喷涂于底材后，受火发泡，通过国家建筑工程质量监督中心水平构件耐火试验检测 2.81mm 厚，耐火极限为 63min，其粘接强度为 0.48MPa。对该水性膨胀防火组分的配比进行优化设计，其配方如表 6-1 所示。

表 6-1　膨胀防火涂料配方

| 成　分 | 质量/g |
| --- | --- |
| 去离子水 | 30～40 |
| 多聚磷酸铵（APP） | 8～20 |
| 三聚氰胺（MEL） | 8～15 |
| 季戊四醇（PER） | 8～15 |
| 丙烯酸乳液 | 10～30 |
| 钛白粉 | 3～5 |
| 纤维棉 | 3～5 |
| 可膨胀石墨 | 5～10 |
| 其他 | 少量 |

②中盈长江国际新能源投资有限公司发明一种水性膨胀型钢结构防火涂料，其制备方法如下：各组分按质量分数计，防火涂料由 20%～45% 涂料基体、25%～45% 纳米阻燃剂、0.1%～10% 阻燃协效剂、1%～10% 填料、0.2%～5% 助剂和 5%～30% 水组成，先制备纳米阻燃剂，再将涂料基体中的水性环氧乳液、水性环氧固化剂和自交联硅丙乳液加入搅拌桶中搅拌均匀，加入纳米阻燃剂、阻燃协效剂、填料、助剂和水，搅拌 10～30min 后加入球磨机中研磨，检测涂料细度是否达到要求，达到要求后停止研磨，用滤网过滤，分离研磨珠和涂料，将涂料装入指定的罐中，出料装桶。该防火涂料膨胀倍率高，耐火极限可达 120min，涂层厚度 2mm。该涂料制备方法简单，解决了生物质发电领域中的固体废物，成本低，应用广泛，具有显著的经济及社会效益。

③中国建筑股份有限公司发明了一种水性高膨胀钢结构防火涂料，防火涂料由 20～50 质量份阻燃体系、20～50 质量份成膜体系和 1～10 质量份功能填料组成。阻燃体系包括聚磷酸铵 18～26 份，季戊四醇 8～12 份，三聚氰胺 6～10 份，膨胀石墨 3～6 份；成膜体系由醋酸乙烯酯-乙烯水性共聚乳液与固化剂偏磷酸铵组成；功能填料含有无机相变材料十二水合磷酸钠或气相二氧化硅。该水性高膨胀钢结构防火涂料 VOC 含量低，减少在生产和涂装过程中对环境的污染。防火涂料涂层外观平整，有很好的装饰性，且不易积灰。此外，防火涂料施工方便，耐火极限至 3h 以上，在满足高效防火性能的同时还能够满足建筑物外观高装饰性的需求。

④安徽丹凤电子材料股份有限公司发明一种室外钢结构防火涂料制备工艺，包括以下步骤：将 26 份水、0.2 份硅油、9 份季戊四醇、24 份碳酸钙、4 份乙二醇、6 份钛白粉、18 份三聚氰胺、16 份聚磷酸铵加入分散缸中，搅拌 20min；研磨，过 120 目筛；再加入丙烯酸乳液 60 份、有机硅改性的苯丙乳液 33 份、0.5 份防霉剂、15 份三聚氰胺磷酸酯、2 份氯化石蜡、0.3 份流平剂和 0.4 份防腐剂充分混合后出料，即得高耐候性室外超薄型钢结构防火涂料。选用的丙烯酸乳液附着力好，膨胀速度较慢，持续时间长，膨胀倍率高，炭化物多，泡孔均匀，膨胀层致密而硬度高，因此防火效果好，适合作为超薄型钢结构防火涂料成膜物质。

⑤江阴市天邦涂料股份有限公司发明一种水性超薄型钢结构防火涂料的制备方法，该方法包括下列步骤：称取苯丙乳液 BLJ-816 80g、三聚氰胺 20g、季戊四醇 20g、聚磷酸铵 25g、钛白粉 7g 和 7-(2-氟-苄氧基)-4,5-二

氢-2$H$-[1,2,4]-三唑［4,3-$a$］并喹啉-1-酮 2g，混合，研磨过 100 目筛，在转速为 500r/min 的条件下搅拌约 30min，制得防火涂料。该水性超薄型钢结构防火涂料具有较好的防火效果，在工业应用上具有广阔的前景。

⑥ 北京首创纳米科技有限公司发明一种水性环保超薄膨胀型钢结构防火涂料，该防火涂料以水作为分散介质，用磷片状可膨胀石墨作为膨胀增强材料，用丙烯酸乳液、氯偏乳液等一种或多种乳液作为成膜物质，膨胀体系采用聚磷酸铵、季戊四醇、三聚氰胺等。其制备过程为：先将季戊四醇加入到水中，升温到 80℃ 左右溶解，再加入固体组分，并高速分散，然后往分散罐夹套中通入冷却水使季戊四醇结晶析出。该防火涂料遇火后迅速膨胀发泡，能够保持钢结构温度在 2 个多小时的时间内不会上升到临界温度 540℃，从而有足够的时间用来灭火，以保证建筑物的安全。该防火涂料为水性超薄性，可以广泛应用于各种钢结构建筑，如体育场馆、歌剧院、高层建筑等。

⑦ 华南理工大学发明一种水性超薄型钢结构防火涂料，该涂料的原料配比为：聚合物乳液 15%～50%，聚磷酸铵 15%～30%，季戊四醇 5%～15%，三聚氰胺 3%～10%，钛白粉 5%～12%，无机填料 2%～13%，可膨胀性石墨 0～5%，增塑剂 1%～10%，润湿分散剂 0.4%～1.5%，消泡剂 0.2%～0.5%，成膜助剂 1%～6%，水 5%～15%。上述原料总和为 100%。上述涂料采用高速分散法或研磨分散法制备，防火涂料的涂层在受热时能够形成发泡效果好、气孔小而均匀、膨胀倍数高的碳化层。该涂料最终的耐火性能远远高于国家标准的技术要求，是一种水性涂料产品，无毒、无气味，对环境友好，可用刷涂、喷涂或辊涂方式进行施工。

⑧ 公安部四川消防研究所发明的水性低烟、低毒薄型钢结构防火涂料，涉及涂料技术领域，旨在提高现有薄型钢结构防火涂料的耐火性能、粘接强度、耐水性和耐冷热循环性等主要性能指标，并降低涂料对火反应后产生的烟气量及其毒性。该水性低烟低毒薄型钢结构防火涂料由如下组分组成：水溶性丙烯酸酯乳液、低硫可膨胀石墨、聚磷酸铵、硅灰石、球型闭孔膨胀珍珠岩、填料、助剂。制备方法如下：将聚磷酸铵、硅灰石、填料和水溶性丙烯酸酯乳液混合研磨；加入水溶性丙烯酸酯乳液、低硫可膨胀石墨、球型闭孔膨胀珍珠岩、助剂，搅拌均匀；加水调整涂料黏度。

⑨ 海洋化工研究院发明了一种超薄型钢结构防火涂料及其制备方法，该涂料既具有溶剂型超薄型防火涂料高光泽、耐水性好、附着力强等特点，

又以水为介质，具有水性涂料的各种优点，符合涂料行业发展低污染、环境友好型涂料的方向。技术方案是所述超薄型钢结构防火涂料由下列质量份的组分制成：丙烯酸本体杂化乳液 10～35，脱水成炭催化剂 10～25，成炭剂 10～25，发泡剂 5～20，阻燃剂 5～20，颜填料 5～25，补强剂 3～10，助溶剂 5～10，分散剂 1～5，消泡剂 0.1～1，流平剂 0.2～2，增稠剂 0.2～2，成膜助剂 1～5，余量为水。

⑩ 同济大学发明一种以自交联硅丙复合乳液为基体的钢结构防火涂料。采用聚有机硅氧烷、自交联聚丙烯酸酯复合乳液为成膜物质，并在通常所用的聚磷酸铵、三聚氰胺和季戊四醇为复合防火助剂的基础上，特别加入了成碳性能和发泡性能良好的三聚氰胺磷酸盐和前期发泡剂，大大提高了涂层的发泡率，发泡层厚度可达原涂层厚的 20～35 倍，并采用钛白粉、海泡石和硅酸铝纤维为耐高温填料，丙二醇为成膜助剂。所形成的防火涂料耐火极限可达 90min（涂层厚度 2mm）。该涂料制备方法简单、无污染、成本低廉、应用广泛。

⑪ 北京化工大学发明一种水性膨胀型钢结构防火涂料，涂料组分包括乳液、聚磷酸铵、三聚氰胺、季戊四醇、纳米二氧化钛、绢云母、氧化石墨烯、消泡剂、润湿分散剂、流平剂及水。首先将聚磷酸铵、三聚氰胺、季戊四醇、纳米二氧化钛、绢云母、氧化石墨烯研磨，充分混合，然后将研磨好的粉末逐渐加入水稀释后的乳液中，用机械搅拌器机械搅拌，出料得到防火涂料。所得涂料均匀无结块，初期干燥抗裂性好，无裂纹，附着性好，燃烧膨胀性好，炭质层强度高，各种技术指标均达到或超过国家标准。

## 第四节　溶剂型膨胀型钢结构防火涂料

溶剂型钢结构防火涂料以有机溶剂为分散介质，存在污染环境、浪费能源、成本高等问题，但由于其粘接性能好、对各种施工环境的适应性及对树脂较广的选择范围，使得溶剂型钢结构防火涂料仍有一定的使用。

溶剂型涂料的制备也分为两个阶段：色浆的制备和涂料的配制。将一部分基料与分散剂混匀后，加入颜填料搅拌均匀，研磨到规定细度，得到色浆。在色浆中加入剩余的树脂溶液、混合溶剂和助剂，搅拌均匀，即得到溶剂型钢结构防火涂料。

## 一、常见溶剂型膨胀型钢结构防火涂料

（1）SIKA UNITHERM-38091 EXTERIOR

作为一种被广泛使用的溶剂型超薄建筑钢结构防火涂料，可用于户外、高湿度以及海洋等环境下的钢结构，遇到火后形成耐火隔热层，可增强柱、梁以及杠架等钢结构的耐火性能。

（2）WCB-1 室外超薄型钢结构防火涂料

该室外超薄型钢结构防火涂料采用美国先进技术，优化配方工艺研发生产而成。产品具有优异的耐水性、耐候性、耐酸碱性、耐爆热性，同时具有粘接强度高、耐火极限长、装饰效果好等特殊性能。

## 二、部分溶剂型膨胀型钢结构防火涂料专利

① 江苏博思源防火材料科技有限公司发明一种钢结构防火涂料，其组成成分以质量份数表示为：丙烯酸树脂30～40份；海泡石20～25份；聚磷酸铵15～20份；氧化锡5～10份；三聚氰胺30～35份；氯化石蜡20～25份；季戊四醇10～15份；羟甲基纤维素5～10份；钛白粉4～6份；六偏磷酸钠5～10份；消泡剂1～5份；滑石粉2～5份；乙酸乙烯酯合物5～10份。产品涂膜厚度≤3mm；耐火极限为110～150min，耐冷热循环15～20次涂层无开裂、剥落、起泡现象；干燥时间快，表干2h，防潮性好，耐水24h涂层无起层和脱落现象；产品防火性优异，达到国家标准二级，可以广泛生产并不断代替现有材料。

② 云南省建筑科学研究院发明一种室外使用的超薄型钢结构防火涂料，涂料由氨基树脂、丙烯酸树脂、氯醚树脂、季戊四醇、聚磷酸铵、磷酸蜜胺、尿素、甘氨酸、光敏化二氧化钛、硅灰石粉、高硅氧棉、分散剂、200号汽油配比而成；制备方法为：将氨基树脂、丙烯酸树脂、氯醚树脂混合，搅拌得到拼合的改性基料；按单位质量称量锐钛型二氧化钛加入万分之一到万分之十的光敏化染料，搅拌得到光敏化二氧化钛；将改性基料、光敏化二氧化钛和按单位质量配比的季戊四醇、聚磷酸铵、磷酸蜜胺、尿素、甘氨酸、硅灰石粉、高硅氧棉、分散剂混合，搅拌得到中间原料；将中间原料研

磨后，加入 200 号汽油作为溶剂继续研磨，调整黏度，过滤后装罐密封。该涂料具有在环境温差变化较大的情况下不易开裂脱落、在紫外线作用下防火涂层的有机物质不易降解的显著优点。

③ 中国京冶工程技术有限公司发明一种无溶剂环氧树脂超薄钢结构防火涂料，其组分及质量份数如下：无溶剂环氧树脂 30～50 份，阻燃体系采用三聚氰胺、季戊四醇、聚磷酸铵复配体系，其配合比为 1∶3∶2、1∶3∶1 或 2∶3∶1，质量份数为 30～50 份，钛白粉 5～10 份，硼酸锌 5～8 份，可膨胀石墨 1～3 份，抑烟剂 0.1～1 份，各种助剂 0.5～2.0 份。将无溶剂环氧树脂地坪涂料技术运用到超薄钢结构防火涂料中，使超薄钢结构防火涂料具有环氧涂层的优点又具有防火的特性；该超薄钢结构防火涂料具有环保的特点；该涂层具有较好的匹配性，能够与环氧富锌防腐底漆较好的相容；该防火涂料黏结强度高，黏结强度≥1.5MPa，具有一定的防水性能和防腐性能，表面可装饰性强。

④ 公安部四川消防研究所发明一种磷-氮超薄膨胀型钢结构防火涂料，其组成按质量份计为：由改性丙烯酸树脂、聚氨酯树脂和醇酸树脂组成的基料树脂 40～75 份，膨胀阻燃剂 50～70 份，钛白粉 8～12 份，碳酸钙 8～12 份，由二甲苯和醋酸丁酯组成的混合溶剂 18～35 份。由于基料树脂由多种树脂混合构成，且使用的膨胀阻燃剂又是集成炭剂、发泡剂以及成炭催化剂于一体的物质，因而该涂料不仅流动性能好、施工方便、形成的涂层薄，而且附着力强，硬度高，发泡后所形成的炭化层厚度高，炭层均匀、致密，强度高，与钢结构粘接能力强，不会被火焰冲破或脱落，耐火极限性能优异，可用于工业厂房、体育馆、高层等钢结构建筑的防火保护。

⑤ 江苏欣安新材料技术有限公司发明一种双组分聚氨酯超薄型钢结构防火涂料，该防火涂料包括等比例混合的甲、乙两组分，甲组分为溴碳聚氨酯树脂复合材料，乙组分包括以下组分：水性羟基丙烯酸树脂，聚磷酸铵，碳酸铵，双季戊四醇，三氧化二锑，氢氧化铝，钛白粉，玻璃鳞片，甲基硅油，聚氨酯。溴碳聚氨酯树脂包括以下组分：2,4-甲苯二异氰酸酯，聚乙二醇-400，三羟甲基丙烷，四溴双酚 A，乙酸丁酯，环己酮，芳香族聚酰胺短纤维。还设计了一种双组分聚氨酯超薄型钢结构防火涂料的制备工艺，将甲、乙组分混合，并通过固化剂固化，该防火涂料耐火性好，具有高强度、高耐磨、耐撕裂性能，低烟、低毒、低成本，且施工方便。

⑥ 安徽嘉木橡塑工业有限公司发明一种钢结构防火涂料，按质量份计，

由以下组分组成：环氧树脂 15～25 份、丙烯酸树脂 7～13 份、200 号汽油 3.7～4.5 份、二甲苯 4～6 份、醋酸丁酯 5～7 份、气相二氧化硅 0.5～0.9 份、分散剂 0.1～0.3 份、季戊四醇 6～8 份、丙酮 5～10 份、聚磷酸铵 16～18 份、三聚氰胺 5～8 份、三氧化二锑 10～14 份、钛白粉 2～5 份。该 防火涂料具有良好的机械理化性能，在受火时形成较好的泡沫隔热层，在高 温条件下发泡层也不脱落，本发明防火涂料耐金属腐蚀性能好，外观装饰 性好。

# 第七章

# 生产工艺及设备

## 第一节　生产工艺

### 一、生产

钢结构防火涂料的生产工艺比较简单，与其他涂料加工设备相仿，防火涂料的制备工艺一般包括配料、预混合、研磨分散、搅拌、调稀、过滤、包装、性能检测等。根据涂料具体类别的不同，其生产步骤会略微有所不同。

#### 1. 厚涂型防火涂料

各种颜填料、助剂按一定比例称取，然后在混料机中混合均匀；阻燃基料和粘接剂随后也加入到混料机，进行充分混合，均匀后，产品需要进行常规检验，合格后进行包装。

#### 2. 水性防火涂料

容器内放入一定量的水后，加入分散剂，然后将所有颜填料加入，搅拌后加入相关助剂，开始高速分散。

有的涂料对细度要求较高，混合均匀后，可以将其加入到砂磨机（球磨机）中进行研磨分散，最终获得相应细度。

研磨浆达到规定的细度要求以后，往混合液内加入乳液、其他助剂，调整黏度，进行常规检验，合格后进行包装。

### 3. 溶剂型防火涂料

聚合物树脂、阻燃剂、颜填料按配方称取，加入搅拌罐中进行搅拌，均匀后，往混合液中加入溶剂，对黏度进行调整。

物料混合均匀之后，如果有细度要求，可以采用砂磨机（球磨机）进行分散，达到要求所需的细度。

料浆细度合格之后，可以按照配方要求加入调色浆和稀释剂进行调漆，达到产品要求之后，进行常规检验，合格后进行包装。

需要注意的是，涂料产品有一定的粒径分布，尤其是采用三辊机研磨分散时辊轴的边缘存在粒度较大的物料，因此应对涂料进行过滤，按照市场需要分装，抽样检测合格后才能投放市场，结果作为整批次的质检结果。

## 二、研发

防火涂料投入生产之前，需要进行大量的前期工作，一般需要通过研发、中试、投产，虽然工艺相似，但是原料用量差别很大，设备也有所不同。

### 1. 实验工艺

在实验室对防火涂料进行研发，一般是首先确定好配方，按配方依次准确称取各种物料，首先加入基料和部分溶剂，然后加入颜填料、剩余的溶剂和助剂。

预混合各种物料的过程中，搅拌速度应缓慢，然后逐渐加大，加到较高速度后再降低，以防止物料飞溅，然后保持中速搅拌一段时间。

最后再对料浆进行研磨分散，使涂料颗粒变细，混合更均匀。

### 2. 中试工艺

涂料投产之前必须进行中试，以防投产时出现问题，造成巨大损失。中试的工艺流程与实验过程相仿，但是应放大原料用量至少在 10 倍以上，对生产形成可参考的数据。

可以按配方依次准确称取各种物料，先加入基料和部分溶剂，降低基料黏度，使其能够润湿稍后加入的粉料；然后加入颜填料，再加入剩余的溶剂和助剂，调节物料黏度，使得预混合和研磨顺利进行。

第二节 分散设备

防火涂料要在整个的销售过程中保持稳定的分散状态，这取决于颜填料的特性，选择合适的润湿分散剂，能显著提升涂料的分散性。除此之外，还要采用有效的分散、研磨设备，通过机械粉碎降低粒径，使粒径分布尽量集中在一个较窄的范围内。

分散设备多种多样，设备不同，施加在颜料聚集体上的剪切应力不同，最终将涂料研磨分散成稳定的胶态分散体系。常用的分散设备有砂磨机、球磨机、三辊机、锥形磨、高速分散机等。

## 一、生产设备

### 1. 砂磨机

砂磨机可实现物料连续加工、出料，物料适应性广、结构简单、操作方便、生产效率高、便于连续生产、价格低廉、易于维护保养，利用率达到我国涂料研磨设备的 40％以上。由供浆泵、研磨筒体、主轴、分散盘组件、平衡轮、顶筛、电机和机架等部分组成。砂磨机中的分散介质是天然石英砂、玻璃珠或陶瓷珠。

砂磨机的主轴上按一定的间距装有分散盘，由电动机带动高速旋转，料浆受到剪切作用，在分散盘之间研磨分散。研磨筒体设有夹套，通水进行冷却，以保持砂磨机的正常工作状态。

砂磨机类型较多，根据研磨筒的布置形式，可以分为立式砂磨机、卧式砂磨机；根据筒体容积大小，可分为小型、中型、大型等。广泛用于涂料、染料、油漆、油墨等行业领域。缺点是对难分散的颜料如铁蓝、炭黑等加工困难，更换物料工作量大，缺乏一定的灵活性。图 7-1 为钢结构防火涂料厂采用的砂磨机。

### 2. 球磨机

球磨机是矿料碎磨的主要设备，在火电厂、水泥、矿山、化工、冶金、

图 7-1　砂磨机

核工业及建材的矿物加工业中占有重要地位。

球磨机由水平的筒体、进出料空心轴及磨头等部分组成，球磨机中的分散介质是钢制圆球，按不同直径和一定比例装入筒中，根据研磨物料的粒度不同进行选择。物料由球磨机进料端空心轴装入筒体内，当球磨机筒体转动时，物料受到惯性、离心力、冲击力、摩擦力的作用，研磨分散，磨碎后的物料通过空心轴排出。

球磨机种类很多，按研磨介质形状可分为球磨机、棒磨机。按传动方式分为中心传动、边缘传动磨机。广泛应用于水泥、硅酸盐制品、新型建筑材料、耐火材料、化肥、有色金属选矿以及玻璃陶瓷等行业，对物料进行干式或湿式粉磨。图 7-2 为钢结构防火涂料厂采用的球磨机。

卧式球磨机更为常用，不需预混合罐，密闭操作、管理方便、操作简单、维修量小，可在把颜料、漆料投入球磨机的同时进行混合分散，因此经常用来加工高挥发性料浆以及所有颜料的分散，尤其适于加工铁蓝、炭黑等难分散的颜料。但是操作周期长、漆浆不易放净、换颜色困难、噪声大、不能加工较黏稠漆浆等。

立式球磨机生产效率高，远远超过卧式球磨机，仅次于砂磨机。主要部件是圆柱形带夹套的研磨筒体和搅拌器，搅拌器通常为棒状，分层辐射状垂直焊接在搅拌轴上，筒体内装有研磨球体。依据工作方式的不同，立式球磨

图 7-2 球磨机

分为连续式和间歇式两种。

### 3. 三辊机

三辊机即三辊研磨机，由三个辊组成，装在一个机架上，由电动机直接带动，相邻两个辊筒的旋转方向相反，前后辊向前转动，中辊向后转动。转速各不相同，最大剪切力产生在两辊的加料缝隙中间，通过水平的三根辊筒的表面相互挤压及不同速度的摩擦，对颜填料进行分散。钢辊是中空的，可通水冷却。

三辊机适用于高黏度漆浆和厚浆型产品，易于加工难分散的合成颜料及细度要求为 $5\sim10\mu m$ 的高精细度产品，因此也被用于贵重颜料的研磨和高质量面漆的生产。但是生产能力一般较低、结构较复杂、手工劳动强度较大、溶剂挥发损失大。图 7-3 为钢结构防火涂料厂采用的三辊机。

### 4. 高速分散机

高速分散机是分散设备中结构最简单的，特点是转速快，能对任何类型的液体进行搅拌、溶解、分散。叶轮能随时取出，清洗方便，可使物料的搅拌和分散工艺一次完成。

物料放入混合容器后，电动机转动经过无级变速后，带动主轴以一定的

图 7-3　三辊机

速度转动，主轴下端装有分散叶轮，叶轮的高速旋转对物料产生混合和分散作用。一台高速分散机可配备 3～4 个预混合罐，交替作业。

　　高速分散机种类多，根据速度不同，可分为电磁调速、变频调速和三速等，以应用于各种黏度的料浆；根据升降方式可以分为液压升降分散机、气动升降分散机、手摇升降分散机、机械升降分散机。图 7-4 为钢结构防火涂

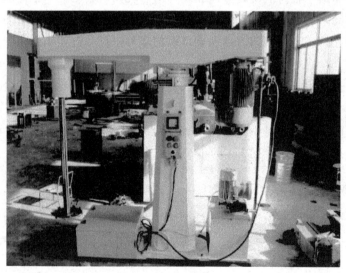

图 7-4　高速分散机

料厂采用的高速分散机。

高速分散机生产连续性强，对物料可进行快速分散和溶解，分散效果好、结构简单、安装操作维护方便、预混合分散及调漆方便、生产效率高，运转平稳。各行业领域内都有广泛的应用，随着新型调整分散设备的出现，其应用范围日趋扩大。

## 二、实验分散设备

实验室常用的分散设备主要包括涂料配置、研磨过程中所采用的仪器设备，上述设备都可应用，最常使用的有锥形磨、高速分散机。

### 1. 锥形磨

锥形磨适用于各种涂料超微粒的研磨，颗粒可研磨至0~5mm，是工业生产中广泛使用的高细磨机械。使用后需进行清洗，清面后应用柔软细棉纱将凸、凹磨擦净并注意两磨之间不得有任何杂物，以免两磨物吻合接触面划伤，影响本仪器的精度。

### 2. 高速分散机

实验用高速分散机为高速分散研磨两用机，适用于实验室对涂料的搅拌、溶解、分散、研磨，为科研提供基本数据，其工作原理是通过物料乳化、混合、分散，使物料的细度分布均匀，通过强力的高速剪切功能，在短时间内使产品达到分散要求。

# 第八章

# 检测方法

## 第一节 理化测试

钢结构防火涂料的使用必须质量合格,依据一定的技术指标进行判定,在相关标准中对此有明确的规定。

### 一、相关标准

#### 1. 国标

《钢结构防火涂料》GB 14907—2002 中对钢结构防火涂料各项性能指标做了规定,性能指标见表 8-1、表 8-2,表中,N 表示室内型,B 表示薄型,H 表示厚型,CB 表示超薄型,W 表示室外型。根据技术要求,室内型必须测试前 10 项的指标,而对室外型则减少了耐水性,增加了耐曝热性、耐湿热性、耐酸性、耐碱性、耐盐雾腐蚀性项目的测试。

表 8-1　室内钢结构防火涂料技术性能

| 序号 | 检验项目 | 技术指标 | | | 缺陷分类 |
|---|---|---|---|---|---|
| | | NB | NCB | NH | |
| 1 | 在容器中的状态 | 经搅拌后呈均匀细腻状态,无结块 | 经搅拌后呈均匀液态或稠厚流体状态,无结块 | 经搅拌后呈均匀稠厚流体状态,无结块 | C |
| 2 | 干燥时间(表干)/h | ≤8 | ≤12 | ≤24 | C |

续表

| 序号 | 检验项目 | | 技术指标 | | | 缺陷分类 |
|---|---|---|---|---|---|---|
| | | | NB | NCB | NH | |
| 3 | 外观与颜色 | | 涂层干燥后,外观与颜色同样品相比应无明显差别 | 涂层干燥后,外观与颜色同样品相比应无明显差别 | — | C |
| 4 | 初期干燥抗裂性 | | 不应出现裂纹 | 允许出1~3条裂纹,其宽度应≤0.5mm | 允许出1~3条裂纹,其宽度应≤1mm | C |
| 5 | 粘接强度/MPa | | ≥0.20 | ≥0.15 | ≥0.04 | B |
| 6 | 抗压强度/MPa | | — | — | ≥0.3 | C |
| 7 | 干密度/(kg/m³) | | — | — | ≤500 | C |
| 8 | 耐水性/h | | ≥24,涂层应无起层、发泡、脱落现象 | ≥24,涂层应无起层、发泡、脱落现象 | ≥24,涂层应无起层、发泡、脱落现象 | B |
| 9 | 耐冷热循环性/次 | | ≥15,涂层应无开裂、剥落、起泡现象 | ≥15,涂层应无开裂、剥落、起泡现象 | ≥15,涂层应无开裂、剥落、起泡现象 | B |
| 10 | 耐火性能 | 涂层厚度(不大于)/mm | 2.00±0.20 | 5.0±0.5 | C | A |
| | | 耐火极限(以I36b或I40b标准工字钢梁作基材)(不低于)/h | 1.0 | 1.0 | 2.0 | |

注:裸露钢梁耐火极限为15min(I36b、I40b验证数据),作为表中0mm涂层厚度耐火极限基础数据。

**表 8-2　室外钢结构防火涂料技术性能**

| 序号 | 检验项目 | 技术指标 | | | 缺陷分类 |
|---|---|---|---|---|---|
| | | WB | WCB | WH | |
| 1 | 在容器中的状态 | 经搅拌后呈均匀细腻状态,无结块 | 经搅拌后呈均匀液态或稠厚流体状态,无结块 | 经搅拌后呈均匀稠厚流体状态,无结块 | C |
| 2 | 干燥时间(表干)/h | ≤8 | ≤12 | ≤24 | C |
| 3 | 外观与颜色 | 涂层干燥后,外观与颜色同样品相比应无明显差别 | 涂层干燥后,外观与颜色同样品相比应无明显差别 | — | C |

| 序号 | 检验项目 | | 技术指标 | | | 缺陷分类 |
|---|---|---|---|---|---|---|
| | | | WB | WCB | WH | |
| 4 | 初期干燥抗裂性 | | 不应出现裂纹 | 允许出 1～3 条裂纹,其宽度应≤0.5mm | 允许出 1～3 条裂纹,其宽度应≤1mm | C |
| 5 | 粘接强度/MPa | | ≥0.20 | ≥0.15 | ≥0.04 | B |
| 6 | 抗压强度/MPa | | — | — | ≥0.5 | C |
| 7 | 干密度/(kg/m³) | | — | — | ≤650 | C |
| 8 | 耐曝热性/h | | ≥720,涂层应无起层、脱落、空鼓、开裂现象 | ≥720,涂层应无起层、脱落、空鼓、开裂现象 | ≥720,涂层应无起层、脱落、空鼓、开裂现象 | B |
| 9 | 耐湿热性/h | | ≥504,涂层应无起层、脱落现象 | ≥504,涂层应无起层、脱落现象 | ≥504,涂层应无起层、脱落现象 | B |
| 10 | 耐冻融循环性/次 | | ≥15,涂层应无开裂、脱落、起泡现象 | ≥15,涂层应无开裂、脱落、起泡现象 | ≥15,涂层应无开裂、脱落、起泡现象 | B |
| 11 | 耐酸性/h | | ≥360,涂层应无起层、脱落、开裂现象 | ≥360,涂层应无起层、脱落、开裂现象 | ≥360,涂层应无起层、脱落、开裂现象 | B |
| 12 | 耐碱性/h | | ≥360,涂层应无起层、脱落、开裂现象 | ≥360,涂层应无起层、脱落、开裂现象 | ≥360,涂层应无起层、脱落、开裂现象 | B |
| 13 | 耐盐雾腐蚀性/次 | | ≥30,涂层应无起泡、明显的变质、软化现象 | ≥30,涂层应无起泡、明显的变质、软化现象 | ≥30,涂层应无起泡、明显的变质、软化现象 | B |
| 14 | 耐火性能 | 涂层厚度（不大于）/mm | 2.00±0.20 | 5.0±0.5 | C | C |
| | | 耐火极限（以 I36b 或 I40b 标准工字钢梁作基材)(不低于)/h | 1.0 | 1.0 | 2.0 | A |

注：裸露钢梁耐火极限为 15min (I36b、I40b 验证数据)，作为表中 0mm 涂层厚度耐火极限基础数据。

国标中规定了如下判定规则：钢结构防火涂料的检测结果、各项性能指标均符合标准要求时判该产品质量合格；钢结构防火涂料除耐火性能（不合格属 A，不允许出现）外，理化性能尚有严重缺陷（B）和轻缺陷（C），当室内钢结构防火涂料的 B≤1 且 B＋C≤3，室外钢结构防火涂料 B≤2 且 B＋C≤4 时，亦可综合判定该产品质量合格，但结论中需注明缺陷性质和数量。除耐火性能外，其他不合格项允许加倍复检，加倍检验后，符合判定条件的仍可判为合格。室内防火涂料存在缺陷时，亦可综合判定该产品质量合格，但结论中需注明缺陷性质和数量。

## 2. 行标

在行标《钢结构防火涂料应用技术规范》（CECS 24—90）中，分别对薄型钢结构防火涂料和厚涂型钢结构防火涂料的主要技术性能指标做出了规定，如表 8-3 和表 8-4 所示。

表 8-3　薄涂型钢结构防火涂料性能

| 项　　目 | | 指　　标 | | |
|---|---|---|---|---|
| 粘接强度/MPa | | ≥0.15 | | |
| 抗弯性 | | 挠曲 $L/100$,涂层不起层、脱落 | | |
| 抗振性 | | 挠曲 $L/200$,涂层不起层、脱落 | | |
| 耐水性/h | | ≥24 | | |
| 耐冻融循环性/次 | | ≥15 | | |
| 耐火极限 | 涂层厚度/mm | 3 | 5.5 | 7 |
| | 耐火时间不低于/h | 0.5 | 1.0 | 1.5 |

表 8-4　厚涂型钢结构防火涂料性能

| 项　　目 | | 指　　标 |
|---|---|---|
| 粘接强度/MPa | | ≥0.04 |
| 抗压强度/MPa | | ≥0.3 |
| 干密度/(kg/m³) | | ≤500 |
| 热导率/[W/(m·K)] | | ≤0.1160 |
| 耐水性/h | | ≥24 |
| 耐冻融循环性/次 | | ≥15 |
| 耐火极限 | 涂层厚度/mm | 15,20,30,40,50 |
| | 耐火时间不低于/h | 1.0,1.5,2.0,2.5,3.0 |

### 3. 地标

钢结构防火涂料在各地使用时，规定并不相同，应遵循当地标准，以避免损失。以现行的北京地标《建筑防火涂料（板）工程设计、施工与验收规程》（DB11/1245—2015）为例，介绍以下相关规定。

普通建筑用钢结构防火涂料的理化性能应符合表 8-5 的规定，特殊建筑用钢结构防火涂料的理化性能应符合表 8-6 的规定。

表 8-5　普通建筑用钢结构防火涂料的理化性能

| 序号 | 检验项目 | 技术指标 | | 试验方法 |
|---|---|---|---|---|
| | | 膨胀型 | 非膨胀型 | |
| 1 | 在容器中的状态 | 经搅拌后呈均匀细腻状态或稠厚流体状态，无结块 | 经搅拌后呈均匀稠厚流体状态，无结块 | GB 14907 |
| 2 | 干燥时间(表干)/h | ≤12 | ≤24 | GB 1728—1979（乙法） |
| 3 | 初期干燥抗裂性 | 不应出现裂纹 | 允许出现 1～3 条裂纹，其宽度应≤0.5mm | GB 9979—2005 |
| 4 | 粘接强度/MPa | ≥0.15 | ≥0.04 | GB 14907 |
| 5 | 抗压强度/MPa | — | ≥0.3 | GB 14907 |
| 6 | 干密度/(kg/m³) | — | ≤500 | GB 14907 |
| 7 | 隔热效率偏差/% | ±15 | ±15 | GB 14907 |
| 8 | pH 值 | ≥7 | ≥7 | GB 14907 |
| 9 | 耐水性 | 24h 试验后，涂层应无起层、发泡、脱落现象，且隔热效率衰减量应≤35% | 24h 试验后，涂层应无起层、发泡、脱落现象，且隔热效率衰减量应≤35% | GB 14907 |
| 10 | 耐冷热循环性 | 15 次试验后，涂层应无开裂、剥落、起泡现象，且隔热效率衰减量应≤35% | 15 次试验后，涂层应无开裂、剥落、起泡现象，且隔热效率衰减量应≤35% | GB 14907 |

注：隔热效率偏差只作为出厂检验项目；pH 值只适用于水基性且涂覆基材不作防锈处理的钢结构防火涂料。

表 8-6　特殊建筑用钢结构防火涂料的理化性能

| 序号 | 检验项目 | 技术指标 | | 试验方法 |
|---|---|---|---|---|
| | | 膨胀型 | 非膨胀型 | |
| 1 | 在容器中的状态 | 经搅拌后呈均匀细腻状态或稠厚流体状态，无结块 | 经搅拌后呈均匀稠厚流体状态，无结块 | GB 14907 |

| 序号 | 检验项目 | 技术指标 | | 试验方法 |
|---|---|---|---|---|
| | | 膨胀型 | 非膨胀型 | |
| 2 | 干燥时间（表干）/h | ≤12 | ≤24 | GB 1728—1979（乙法） |
| 3 | 初期干燥抗裂性 | 不应出现裂纹 | 允许出现1~3条裂纹，其宽度应≤0.5mm | GB 9979—2005 |
| 4 | 粘接强度/MPa | ≥0.15 | ≥0.04 | GB 14907 |
| 5 | 抗压强度/MPa | — | ≥0.5 | GB 14907 |
| 6 | 干密度/(kg/m³) | — | ≤650 | GB 14907 |
| 7 | 隔热效率偏差/% | ±15 | ±15 | GB 14907 |
| 8 | pH 值 | ≥7 | ≥7 | GB 14907 |
| 9 | 耐曝热性 | 720h试验后，涂层应无起层、脱落、空鼓、开裂现象，且隔热效率衰减量应≤35% | 720h试验后，涂层应无起层、脱落、空鼓、开裂现象，且隔热效率衰减量应≤35% | GB 14907 |
| 10 | 耐湿热性 | 504h试验后，涂层应无起层、脱落现象，且隔热效率衰减量应≤35% | 504h试验后，涂层应无起层、脱落现象，且隔热效率衰减量应≤35% | GB 14907 |
| 11 | 耐冻融循环性 | 15次试验后，涂层应无开裂、脱落、起泡现象，且隔热效率衰减量应≤35% | 15次试验后，涂层应无开裂、脱落、起泡现象，且隔热效率衰减量应≤35% | GB 14907 |
| 12 | 耐酸性 | 360h试验后，涂层应无起层、脱落、开裂现象，且隔热效率衰减量应≤35% | 360h试验后，涂层应无起层、脱落、开裂现象，且隔热效率衰减量应≤35% | GB 14907 |
| 13 | 耐碱性 | 360h试验后，涂层应无起层、脱落、开裂现象，且隔热效率衰减量应≤35% | 360h试验后，涂层应无起层、脱落、开裂现象，且隔热效率衰减量应≤35% | GB 14907 |
| 14 | 耐盐雾腐蚀性 | 30次试验后，涂层应无起泡、明显的变质、软化现象，且隔热效率衰减量应≤35% | 30次试验后，涂层应无起泡、明显的变质、软化现象，且隔热效率衰减量应≤35% | GB 14907 |
| 15 | 耐紫外线辐照性 | 60次试验后，涂层应无起层、开裂、粉化现象，且隔热效率衰减量应≤35% | 60次试验后，涂层应无起层、开裂、粉化现象，且隔热效率衰减量应≤35% | GB 14907 |

　　注：隔热效率偏差只作为出厂检验项目；pH值只适用于水基性且涂覆基材不作防锈处理的钢结构防火涂料。

　　各类钢结构防火涂料在不同地区使用时，应分别按对应的技术指标进行检验，各项性能指标均符合标准要求时，判该产品质量合格。

在钢结构防火涂料施工时，如果没有采用防锈措施，应增加腐蚀性判别，在备注中说明，但不参与产品质量判定。

## 二、钢结构防火涂料物理性能试验

目前防火涂料的常规检测主要是对外观、颜色、光泽、黏度、表干时间、固体含量、硬度、冲击强度、粘接强度、耐水性、耐冻融循环性等理化性能的检测。

### 1. 涂层涂刷

（1）底材及预处理

采用钢材作底材，彻底清除锈迹后，按规定的防锈措施进行防锈处理。若不作防锈处理，应提供权威机构的证明材料，证明该防火涂料不腐蚀钢材或增加腐蚀性检验。

（2）试件的涂覆和养护

按涂料产品规定的施工工艺进行涂覆施工，做涂料干燥时间、初期干燥抗裂性、粘接强度、耐水性及耐冻融循环等项试验的试件采用 Q235 钢板作底材。试板涂覆前，钢板应打磨除锈，涂刷两遍防锈漆。

理化性能试件涂层厚度分别为：CB 类（1.50±0.2）mm、B 类（3.5±0.5）mm、H 类（8±2）mm，达到规定厚度后应抹平和修边，保证均匀平整，其中，对复层涂料做如下规定：作装饰或增强耐久性等作用的面层涂料厚度不超过 0.2mm（CB 类）、0.5mm（B 类）、2mm（H 类）。达到规定厚度后应抹平和修边，保证均匀平整，水平放置于温度（23±2）℃、相对湿度 50%±5% 的条件下进行养护。

除用于试验表干时间和初期干燥抗裂性的试件外，其余试件的养护期规定为 CB 类不低于 7d，B 类不低于 10d，H 类有水泥成分的涂料养护期不低于 28d，产品养护有特殊规定除外。

### 2. 试验方法

（1）在容器中的状态

打开储存涂料的容器盖，用搅拌器搅拌容器内的试样或按规定的比例调配多组分涂料的试样，观察涂料是否均匀、有无结块。

（2）干燥时间

按规定制作好试件，按 GB/T 1728—1979 规定的指触法进行。用手指轻触漆膜表面，如果感到有些发黏，但手指未沾有漆，即认为表面干燥。

（3）外观与颜色

制好后的样板在规定条件下干燥至养护期满后，与厂商或与用户协商规定的样品进行比较，颜色、颗粒大小及分布均匀程度应无明显差别。

（4）初期干燥抗裂性试验

按 GB/T 9779—1988 的 5.5 进行检验。目测检查有无裂纹出现或用适当的器具测量裂纹宽度。要求 2 个试件均符合要求。

试验装置由风机、风洞和试件架组成正方形，用能获得 3m/s 以上风速的轴流风机送风，风速控制为 (3.0±0.3)m/s。将底漆涂布于钢板上，经 1~2h 干燥后，再将钢涂料按规定量涂覆于底漆上，立即放置于风洞内的试架上，试件与气流方向平行。放置 6h 取出，观察试件表面有无裂纹出现，裂纹宽度用毫米（mm）刻度尺测量。

（5）干密度

采用卡尺和电子天平测量试件的体积和质量，并按下式计算干密度。

$$\rho = \frac{G}{V}$$

式中　$\rho$——干密度，$kg/m^3$；

　　　$G$——质量，$kg$；

　　　$V$——体积，$m^3$。

（6）耐水性试验

制作的试件按《漆膜耐水性测定法》（GB/T 1733—1993）的 9.1 进行检验，试验用水为自来水。要求 3 个试件中至少 2 个合格。

除非另有规定，待养护期满后，用 1:1 的松香和石蜡混合物封边，封边宽度 2~3mm，试件放入温度 23℃的自来水中，并在整个试验过程中保持该温度。将三块试板放入其中，并使每块试板长度的 2/3 浸泡在液体中。

在产品标准规定的浸泡时间结束时，将试板从槽中取出，用滤纸吸干，立即或者是按产品标准规定的时间状态调节后，目视检查试板。记录漆膜表面是否发生变色、失光、起皱、起泡、脱落、生锈等现象和恢复时间。

在实验室小试过程中，为提高效率，可以不对样板封边，进行试验。

（7）耐冷热循环性试验

按规定制备的样板，四周和背面用石蜡和松香的混合溶液（质量比 1∶1）涂封，继续在规定的条件下放置 1d 后，将试件置于（23±2）℃的空气中18h，然后将试件放入（−20±2）℃低温箱中，自箱内温度达到−18℃时起冷冻 3h 再将试件从低温箱中取出，立即放入（50±2）℃的恒温箱中，恒温 3h 取出试件，重复上述操作共 15 个循环。要求 3 个试件中至少 2 个合格。

（8）耐曝热性

将制备的试件垂直放置在（50±2）℃的环境中保持 720h，取出后观察。要求 3 个试件中至少 2 个合格。

（9）耐湿热性

将制作的试件垂直放置在湿度为（90±5）%、温度（45±5）℃的试验箱中，至规定时间后，取出试件垂直放置在不受阳光直接照射的环境中，自然干燥。要求 3 个试件中至少 2 个合格。

（10）耐冻融循环性

将制作的试件按照耐冷热循环性试验相同的程序进行试验，只是将（23±2）℃的空气改为水，共进行 15 个循环。要求 3 个试件中至少 2 个合格。

## 三、钢结构防火涂料耐化学性能试验方法

### 1. 耐酸性

将制作的试件的 2/3 垂直放置于 3% 的盐酸溶液中至规定时间，取出垂直放置在空气中让其自然干燥。要求 3 个试件中至少 2 个合格。

### 2. 耐碱性

将制作的试件的 2/3 垂直浸入 3% 的氨水溶液中至规定时间，取出垂直

放置在空气中让其自然干燥。要求 3 个试件中至少 2 个合格。

### 3. 耐盐雾腐蚀性

除另有规定外，将制作的试件按 GB 15930—1995 的 5.3 的规定进行检验，完成规定的周期后，取出试件垂直放置在不受阳光直接照射的环境中自然干燥，要求 3 个试件中至少 2 个合格。

（1）试验装置

通常采用盐雾箱或盐雾室。盐雾箱（室）内的材料不应影响盐雾的腐蚀性能；盐雾不得直接喷射在试件上；箱（室）顶部的凝聚盐水液不得滴在试件上；从设备四壁流下的盐水液不得重新使用。

盐雾箱（室）内应有空调设备，能控制箱（室）内空气温度在（35±2)℃范围内，相对湿度大于 95％。盐水溶液由化学纯氯化钠和蒸馏水组成，其质量分数为（5±0.1)％，pH 值控制在 6.5～7.2。控制降雾量在 1～2mL/(h·80cm$^2$) 范围内，由压力为 0.08～0.14MPa 的喷嘴产生，雾粒直径在 1～5μm 的占 85％以上。

（2）测量仪表的精确度

测量仪表应达到以下精确度：

温度：±0.5℃；

湿度：±2℃；

酸度：±0.1pH。

（3）试验步骤

试验开始前，应用洗涤剂将试件表面上所有的油脂洗净。将试件安放在盐雾箱（室）里，试件的开口向上，并使试件各阀片的轴线与水平面均成 15°～30°角。

试验时，试件呈开启状态，以 24h 为一周期，先连续喷雾 8h，然后停 16h，共试验五个周期。

喷雾时，箱（室）内保持温度（35±2)℃，相对湿度大于 95％；停止喷雾时，不加热，关闭盐雾箱（室），自然冷却。

（4）判定条件

试验结束后，取出试件，在室温下干燥时间不少于 24h。对试件进行关闭试验，如仍能从开启位置可靠关闭即为合格。

## 四、钢结构防火涂料力学性能试验方法

### 1. 粘接强度

将制作的试件的涂层中央约 40mm×40mm 面积内均匀涂刷高粘接力的粘接剂（如溶剂型环氧树脂等），然后将钢制联结件轻轻粘上并压上约 1kg 重的砝码，小心去除联结件周围溢出的粘接剂，继续在规定的条件下放置后去掉砝码，沿钢制联结件的周边切割涂层至板底面，然后将粘接好的试件安装在试验机上在沿试件底板垂直方向施加拉力，以 1500～2000N/min 的速度加载荷，测得最大的拉伸载荷要求钢制联结件底面平整与试件涂覆面粘接，结果以试验值中剔除最大误差后的平均值表示，结论中应注明破坏形式，如内聚破坏或附着破坏。每一试件粘接强度按下式求得：

$$f_b = \frac{F}{A}$$

式中　$f_b$——粘接强度，MPa；

$F$——最大拉伸载荷，N；

$A$——粘接面积，$mm^2$。

### 2. 抗压强度

（1）试件的制作

先在规格为 70.7mm×70.7mm×70.7mm 的金属试模内壁涂一薄层机油，将拌和后的涂料注入试模内，轻轻摇动，并插捣抹平，待基本干燥固化后脱模。在规定的环境条件下，养护期满后，再放置在（60±5）℃的烘箱中干燥 48h，然后再放置在干燥器内冷却至室温。

（2）试验程序

选择试件的某一侧面作为受压面，用卡尺测量其边长，精确至 0.1mm。将选定试件的受压面向上放在压力试验机（误差≤2%）的加压座上，试件的中心线与压力机中心线应重合，以 150～200N/min 的速度均匀加载荷至试件破坏。记录试件破坏时的最大载荷。

每一试件的抗压强度按下式计算：

$$R = \frac{P}{A}$$

式中　$R$——抗压强度，MPa；

　　　$P$——最大载荷，N；

　　　$A$——受压面积，$mm^2$。

## 五、耐候性试验

涂料产品在涂覆到建筑物表面后，随着使用时间的增长，它的物理化学性能会慢慢地发生不可逆的老化失效现象，作为钢结构防火涂料，其主要作用是在火灾发生时对钢结构建筑构件进行保护，如果失效将丝毫不能发挥其应有的防火性能，因此涂料的耐久性要加强注意，现在国际上常用自然曝晒和人工加速老化试验，结合两种试验方法，综合考虑以得出更加可靠的结论。

现行的《钢结构防火涂料》（GB 14907—2002）中对涂料的耐久性没有做出测试要求，但是目前修订版本中增加了耐紫外线辐照性测试。

将依据要求制作的试件按《机械工业产品用塑料、涂料、橡胶材料人工气候老化试验方法　荧光紫外灯》（GB/T 14522—2008）的表 C.1 规定的第2 种暴露周期类型进行试验。试验期间，每两次循环结束时应观察并记录小试件表面的防火涂料涂层外观情况，直至达到规定的循环次数。

取出经过上述试验的大试件，放在（23±2）℃的环境中养护干燥后按照相关规定测试其隔热效率。隔热效率衰减量按下式计算。

$$\theta = (T_0 - T)/T_0 \times 100\%$$

式中　$\theta$——隔热效率衰减量，%；

　　　$T_0$——基准隔热效率，min；

　　　$T$——耐久性试验后大试件的隔热效率，min。

当 $T \geqslant T_0$ 时，表示试件的隔热效率无衰减。

## 六、其他检测

随着科学技术的发展和检测手段的提高，热重分析仪、扫描电子显微镜、差热分析仪、射线衍射仪、傅里叶红外光谱仪、核磁共振仪、能谱分析仪等现代化仪器也可以用于涂膜性能测试和涂料阻燃机理研究，通过深入涂层内部，测试结构和表面状态，研究影响涂料性能的因素和规律。

## 1. 热失重分析测试

防火涂料在加热过程中涂膜发生变化时，质量随之改变。热重分析仪利用热重法检测物质温度-质量变化，热重法是在程序控温下，测量物质的质量随温度（或时间）的变化关系。

为了研究在火灾现场保护钢材的隔热机理，对防火涂料进行热失重分析，可以研究各个温度范围内的基料树脂和膨胀阻燃体系的分解机理。

## 2. 扫描电子显微镜

扫描电子显微镜利用电子成像观察样品的表面形态，通过样品表面放大的形貌像，可以观察燃烧后的膨胀炭层的微观形貌结构。

扫描电镜放大倍数在 0～20 万倍之间连续可调，成像富立体感，可直接观察表面的细微结构，目前的扫描电镜都配有 X 射线能谱仪装置，这样可以同时进行显微组织形貌的观察和微区成分分析，方便涂层结构及其成分的分析。

## 3. 射线衍射仪

射线衍射仪利用衍射原理，测定涂料的内部微观结构及应力，精确地进行物相分析、定性分析、定量分析。

可以用来考察燃烧后的膨胀炭层的组成成分，测试残炭层的物质组成。

## 4. 傅里叶红外光谱仪

红外光谱图可用来推断化合物结构，通过物质分析得出物质所含的官能团的种类，通过对特征谱和指纹区的分析可以确定化合物的结构。

红外光谱仪是利用物质对不同波长的红外辐射的吸收特性，进行分子结构和化学组成分析的仪器。

涂料做红外光谱测试时，谱线会受到不同物质之间光谱的差别影响，导致无法确定结构，知道涂料的大致成分，可以利用紫外分光光度法或者高效液相色谱法来确定混合物中各成分的含量，想要确定元素的种类则要借助质谱分析。

## 第二节　耐火测试

防火涂料作为一种特种涂料，除了要求具有良好的理化性能，最重要的是防火性能。钢结构防火涂料的测试方法国标有明确规定，部分相关标准中也有测试方法，在涂料研究过程中，为降低成本，研究人员还研发了一些快速检测方法用于日常试验。

### 一、升温曲线

钢结构防火涂料的检测中需要设定构件的受火情况，不同火灾发生场合的温度变化不同，因而需要根据各种火灾场合内温度的变化拟合各种升温曲线，尽可能真实地反映火场内温度变化的规律和趋势。

目前我国钢结构防火涂料的耐火极限试验按 ISO 834 时间-温度标准曲线进行升温，试验中以含纤维素类的材料，如木材、纸张等为燃烧介质，通常称为标准火；而在石化工程中以油、气等烃类基质，富含氢和碳的燃料，如石油、化工产品等为燃烧介质，通常称为烃类火。烃类火的温升要比标准火快得多，因此同样耐火极限的防火涂料因其应用环境不同、受火类型不同，对基材的保护作用也不同。《钢结构防火涂料》（GB 14907—2002）修订的报批稿中根据建筑纤维类火灾、烃类（HC）火灾、石化火灾、电力火灾等不同的火灾环境条件规定了耐火性能分级。

现行国标规定钢结构防火涂料的耐火极限试验符合 GB/T 9978—1999 第 4 章对试验装置的要求，除另有规定外，试验条件应符合 GB/T 9978—1999 第 5 章的要求。

### 二、国家标准

#### 1. 试件制作

选用工程中有代表性的 I36b 或 I40b 工字型钢梁，依据涂料产品使用说明书规定的工艺条件对试件受火面进行涂覆，形成涂覆钢梁试件，并放在通风干燥的室内自然环境中干燥养护。

## 2. 涂层厚度的确定

对试件涂层厚度的测量要在各受火面沿构件长度方向每米不少于两个测点，取所有测点的平均值作为涂层厚度（包括防锈漆、防锈液、面漆及加固措施等的厚度在内）。

## 3. 安装、加载

试件应简支、水平安装在水平燃烧试验炉上，并按 GBJ 17 规定的设计载荷加载，钢梁承受模拟均布载荷或等弯矩四点集中加载，钢梁加载计算见 GB 14907 的附录 A；钢梁三面受火，受火段长度不少于 4000mm，计算跨度不小于 4200mm；试件支点内外非受火部分均不应超过 300mm，不准用其他型号的钢构件或钢梁承受特定的载荷进行耐火试验的结果来判定该防火涂料的质量，若特定的工程需要进行耐火试验，可提供检验结果且应在检验报告中注明其适用性。

## 4. 判定条件

钢结构防火涂料的耐火极限以涂覆钢梁失去承载能力的时间来确定，当试件最大挠度达到 $L_0/20$（$L_0$ 是计算跨度）时试件失去承载能力。

## 5. 结果表示

耐火性能以涂覆钢梁的涂层厚度（mm）和耐火极限（h）来表示，并注明涂层构造方式和防锈处理措施。涂层厚度精确至：0.01mm（CB 类）、0.1mm（B 类）、1mm（H 类）；耐火极限精确至 0.1h。

## 6. 试验方法

（1）耐火试验标准（GB/T 9978—2008）

《建筑构件耐火试验方法》国家标准（GB/T 9978—2008）规定耐火性能试验应采用明火加热，使试件受到与实际火灾相似的火焰作用，试验炉炉内温度随试验设备与方法时间而变化。

钢结构防火涂料的防火性能测试装置除了要按照升温曲线控制火焰温度和环境温度外，还要在试件的两侧施加一定的负载或压力，即通过测定涂覆有钢结构防火涂料的钢材在具有一定承载能力条件下抵御火焰灼烧的时间，来评价该防火涂料的防火性能。建筑火灾火场温度在 800～1200℃，耐火试验中构件所加荷载和升温曲线是试验的两个重要条件。相同的构件，施加同样的荷载而采用不同的升温曲线，测得的耐火极限不同。

（2）试验条件及方法

采用《建筑构件耐火试验方法》规定的耐火试验炉及升温曲线做试验。试件平放在卧式燃烧炉上，受火条件为三面受火。加载条件按设计荷载进行，其方式为垂直加载。从梁两支点算起的总长度的 1/8、3/8、5/8、7/8 处四点加载，加载点最小距离为 1000mm。

**7. 附加耐火性能**

室外防火涂料的耐曝热、耐湿热、耐冻融循环、耐酸、耐碱和耐盐雾腐蚀等性能必须分别试验合格后，方可进行附加耐火试验。

（1）试件制作

取 I16 热轧普通工字钢梁（长度 500mm）7 根，预埋热电偶（由预埋热电偶产生的孔、洞应作可靠封堵），按规定的施工工艺对 7 根短钢梁的每个表面进行施工，涂层厚度规定为 WCB（1.5～2.0mm），WB（4.0～5.0mm），WH（20～25mm），但每根短钢梁试件的涂层厚度偏差相互之间不能大于 10%。

（2）试验程序

取 6 根达到规定的养护期的钢梁分别进行试验后放在（30±2）℃的环境中养护干燥后同第 7 根涂覆钢梁一起进行以下耐火试验。

试件放入试验炉中，水平放置，三面受火，按规定的升温条件升温，同时监测三个受火面相应位置的温度。

（3）判定条件

以第 7 根钢梁内部达到临界温度（平均温度 538℃，最高温度 649℃）的时间为基准，第 1～6 根钢梁试件达到临界温度的时间衰减不大于 35% 者，可判定该对应项理化性能合格。

## 三、小型试验炉

钢结构防火涂料研发、使用过程中，如耐火性能按 GB/T 9978《建筑构件耐火试验方法》进行，周期长、费用高，不少研究人员采用小构件，在多功能小型耐火试验炉中测温试验，也可以获得构件在火灾下的温度场分布、构件反应、破坏特征及耐火极限。

### 1. 试样的制备

小构件可以选用工程中有代表性的 I36b 或 I40b 工字型钢梁。长 0.5m 的 I36b 小钢梁，四周及两端部均应涂敷防火涂料至规定厚度，经养护达到规定试验条件。小钢梁干燥后进行耐火试验，将试件水平搁置在小型耐火试验炉内，小钢梁两端各用砖垫起一定高度，以保证小钢梁四面受火。

### 2. 测量装置

在小型多功能耐火试验炉内进行的小构件耐火性试验采用的加热系统是燃油火灾试验炉，升温较快，能够模拟标准升温曲线，同样，炉温为手动控制。

试验过程中主要测量炉温及钢构件表面的温度。炉温使用铠装镍铬-镍硅热电偶测量。为了测定在试验过程中小钢梁温度的变化，沿钢梁长度方向上埋设 3 个热电偶。在板的背火面上布置两个热电偶，用以测定小钢板在试验过程中温度的变化。热电偶外接补偿导线，与数据采集板连接，将试验时各测点各个时刻所测得的温度传输给电脑。

### 3. 耐火极限判定

四面受火防火涂料小钢梁构件耐火极限判定，以测得小钢梁内部达到临界温度（平均温度 538℃，最高温度 649℃）的时间为基准，来确定耐火极限。单面受火防火涂料小钢板构件耐火极限判定，以测得背火面平均温升超过试件表面初始平均温度 140℃ 或背火面上任何一点的温升超过该点初始温度 180℃ 的时间为基准。

## 四、模拟大板测试方法

### 1. 试样的制备

试件制备采用尺寸为 1000mm×1000mm×6mm 钢板，除锈打磨后涂防锈底漆。按涂料施工要求将试样涂覆，达到规定厚度后适当抹平、修边、干燥养护。

### 2. 测量装置

该测试装置来源于饰面型防火涂料大板燃烧法，钢板放在支撑架上，涂有防火涂料的一面朝下。喷灯喷口朝向钢板。钢板朝上的一面中央放置一热电偶测定背部温度，为了防止散热过快，钢板背面用保温毡封盖。

### 3. 耐火极限判定

从开始灼烧到钢板背部温度达到 300℃时的时间，可以作为防火性能优劣的判断依据。

## 五、小板背面受火燃烧法

### 1. 试样的制备

本实验参照《钢结构防火涂料》的规定，将制备的防火涂料涂刷于 150mm×70mm×6mm 的钢板上，达到规定厚度后适当抹平、修边，干燥养护。

### 2. 测量装置

该测试方法可认为是小型的大板燃烧测试方法，将待测试的涂层样板固定于铁架台的铁夹上，涂层朝下，热电偶置于样板的上方测量钢板背后的温度变化。酒精喷灯放到测试样板的下方，使涂层直接受到火焰灼烧。

### 3. 耐火极限判定

从开始灼烧到钢板背部温度达到 300℃时的时间，可以作为防火性能优劣的判断依据，试验过程中注意涂料涂层的变化，出现脱落，可立即停止试验。

## 第三节　厚度测定方法

钢结构防火涂料的耐火极限、工程的可靠性与涂层的厚度密切相关，因此，钢结构防火涂料使用时，必须进行涂层厚度检测。

# 一、测针与测试图

## 1. 测试仪器

测针（厚度测量仪），由针杆和可滑动的圆盘组成，圆盘始终保持与针杆垂直，并在其上装有固定装置，圆盘直径不大于30mm，以保证完全接触被测试件的表面。如果厚度测量仪不易插入被插材料中，也可使用其他适宜的方法测试。

测试时，将测厚探针垂直插入防火涂层直至钢基材表面上，记录标尺读数。见图8-1。

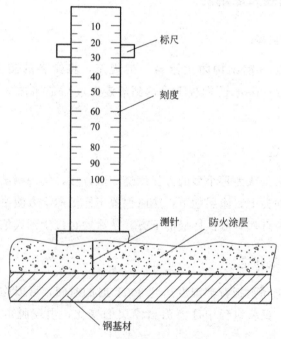

图 8-1　厚度测量示意图

## 2. 测试方法

钢结构防火涂料涂层设计厚度≤5mm的，用涂层测厚仪测量，钢结构防火涂料涂层设计厚度＞5mm的，用测针测量。测试时，将测厚仪探头垂直压置（测针垂直插入防火涂层中，直至钢基材表面）在被涂钢构件表面，记录测厚仪读数。检查时按同类构件数抽查 10%，且均不应少于 3 件。

## 二、测点选定

① 楼板和防火墙的防火涂层厚度测定，可选两相邻纵、横轴线相交中的面积为一个单元，在其对角线上，按每米长度选一点进行测试。

② 全钢框架结构的梁和柱的防火涂层厚度测定，在构件长度内每隔 3m 取一截面，按图 8-2 所示位置测试。测试构件各表面的涂层厚度，计算所有测点的平均值作为该根构件的涂层厚度。

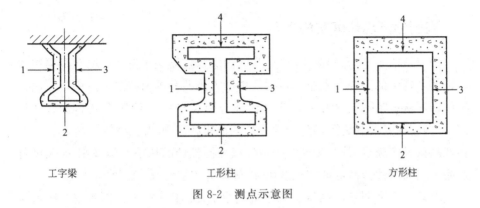

工字梁　　　　　　　工形柱　　　　　　　方形柱

图 8-2　测点示意图

③ 桁架结构，上弦和下弦按②的规定每隔 3m 取一截面检测，其他腹杆每根取一截面检测，测定杆件各表面的涂层厚度，计算所有测点的平均值作为该根构件的涂层厚度。

④ 顶板和钢楼梯及其他，在每平方米范围内选取 5 个点进行测定，计算所有测点的平均值作为该构件的涂层厚度。

## 三、测量结果

对于楼板和墙面，在所选择的面积中，至少测出 5 个点；对于梁和柱，在所选择的位置中，分别测出 6 个和 8 个点。分别计算出它们的平均值，精确到 0.5mm。

需要注意的是，涂层厚度与耐火极限之间并不存在想当然的对应关系，因此在涂层厚度小于标准规定值时，产品的检验报告中耐火极限大于标准规定时间，可判定其耐火性能合格；如果耐火极限小于标准规定的时间，在检验报告中只标明涂层厚度数值和耐火极限时间，耐火极限需另行判定。

当涂层厚度大于标准规定值时，涂料的耐火极限大于标准时间，检验报告只能标明涂层厚度数值和耐火极限时间，耐火极限需另行判定；若耐火极限小于标准时间，可判定耐火性能不合格。

## 第四节 认证体系

### 一、强制性产品认证实施规则

国家认监委 2014 年第 15 号公告《国家认监委关于发布消防产品强制性认证实施规则的公告》发布，根据《中华人民共和国消防法》、《中华人民共和国认证认可条例》、《强制性产品认证管理规定》、《消防产品监督管理规定》，国家认监委制定了《强制性产品认证实施规则 火灾报警产品》、《强制性产品认证实施规则 火灾防护产品》、《强制性产品认证实施规则 灭火设备产品》、《强制性产品认证实施规则 消防装备产品》。

上述 4 份强制性产品认证实施规则自 2014 年 9 月 1 日起实施，国家认监委 2011 年第 11 号公告发布的消防产品类强制性认证实施规则同时废止。

为配合强制性产品认证实施规则有效实施，要求各相关指定认证机构应按照实施规则要求制定相应的认证实施细则，在认监委认证监管部备案后开展相关认证活动。钢结构防火涂料根据《强制性产品认证实施规则 火灾防护产品》，应遵循法律法规对消防产品市场准入的基本要求，遵守火灾防护产品实施强制性产品认证的基本原则和要求，并符合国家认监委发布的《强制性产品认证实施规则生产企业分类管理、认证模式选择与确定》、《强制性产品认证实施规则生产企业检测资源及其他认证结果的利用》、《强制性产品认证实施规则工厂检查通用要求》等通用实施规则。

#### 1. 认证依据及模式

认证依据标准为规则附录中的《火灾防护产品强制性认证单元划分及认证依据标准》，其中对钢结构防火涂料的规定，按照 GB 14907。

（1）认证模式

实施火灾防护产品强制性认证的基本认证模式为：企业质量保证能力和产品一致性检查＋型式试验＋获证后使用领域抽样检测或者检查。

认证机构应按照《强制性产品认证实施规则生产企业分类管理、认证模式选择与确定》的要求，对生产企业实施分类管理，并结合分类管理结果在基本认证模式的基础上酌情增加获证后的跟踪检查、获证后生产现场抽取样品检测或者检查等相关要素，以确定认证委托人所能适用的认证模式。

（2）认证单元

原则上，同一生产者（制造商）、同一生产企业（工厂）、同一类别、同一主要材料、同一结构、同一形式为同一个认证单元。主要材料、工艺、用途不同不能作为一个认证单元。

认证委托人依据单元划分原则提出认证委托。

**2. 认证委托**

（1）认证委托的提出和受理

认证委托人需以适当的方式向认证机构提出认证委托，认证机构应对认证委托进行处理，并按照认证实施细则中的时限要求反馈受理或不予受理的信息。不符合国家法律法规及相关产业政策要求时，认证机构不得受理相关认证委托。

（2）申请资料

认证机构应根据法律法规、标准及认证实施的需要在认证实施细则中明确申请资料清单（应至少包括认证申请书或合同、认证委托人/生产者/生产企业的注册证明等）。

认证委托人应按照认证实施细则中申请资料清单的要求提供所需资料。认证机构负责审核、管理、保存、保密有关资料，并将资料审核结果告知认证委托人。

（3）实施安排

认证机构应与认证委托人约定双方在认证实施各环节中的相关责任和安排，并根据生产企业实际和分类管理情况，按照本规则及认证实施细则的要求，确定认证实施的具体方案并告知认证委托人。

### 3. 认证实施

（1）企业质量保证能力和产品一致性检查（初始工厂检查）

认证机构受理认证委托并确定认证方案后，方可进行企业质量保证能力和产品一致性检查。

① 基本原则。认证机构应在认证实施细则中明确生产者/生产企业质量保证能力和产品一致性控制的基本要求。

认证委托人和生产者/生产企业应按照基本要求的相关规定，建立实施有效保持企业质量保证能力和产品一致性控制的体系，保持火灾防护产品的生产条件，保证产品质量、标志、标识持续符合相关法律法规和标准要求，确保认证产品持续满足认证要求。

生产者/生产企业应当建立产品生产、销售流向登记制度，如实记录产品名称、批次、规格、数量、销售去向等内容。

认证机构应对生产者/生产企业质量保证能力和产品一致性控制情况进行符合性检查。

对于已获认证的生产者/生产企业，认证机构可对企业质量保证能力和产品一致性检查的时机和内容进行适当调整，并在认证实施细则中明确。

② 企业质量保证能力检查要求。认证机构应当委派具有国家注册资格的强制性产品认证检查员组成检查组，按照《消防产品工厂检查通用要求》（GA 1035）和认证实施细则的有关要求对生产者/生产企业进行质量保证能力检查。

检查应覆盖所有认证单元涉及的生产企业。必要时，认证机构可到生产企业以外的场所实施延伸检查。

③ 产品一致性检查要求。认证机构在经生产者/生产企业确认合格的产品中，随机抽取认证委托产品，按照《消防产品一致性检查要求》（GA 1061）和认证实施细则的有关要求进行产品一致性检查。

④ 生产现场抽取样品要求。需在生产现场抽取样品的，按照"型式试验样品要求"实施。

（2）型式试验

指定实验室应与认证委托人签订型式试验合同，包括型式试验的全部样品要求和数量、检测标准项目等。

① 型式试验样品要求。认证机构应依据生产企业分类管理情况，在认证实施细则中明确单元或单元组合抽样/送样的具体要求。认证机构在完成对生产者/生产企业的质量保证能力和产品一致性检查且检查结论为通过后，在生产者/生产企业现场生产并确认合格的产品中，抽取型式试验样品。对于已获认证的生产者/生产企业，型式试验的样品可采取现场抽样方式获得，也可由认证委托人按照上述要求送样。

认证委托人应保证其所提供的样品与实际生产产品的一致性。认证机构和/或实验室应对认证委托人提供样品的真实性进行审查。实验室对样品真实性有异议的，应当向认证机构说明情况，并做出相应处理。

② 型式试验项目及要求。火灾防护产品型式试验项目应为认证依据标准规定的项目。

③ 型式试验的实施。型式试验应在国家认监委指定的实验室完成。实验室对样品进行型式试验，并对检测全过程做出完整记录并归档留存，以保证检测过程和结果的记录具有可追溯性。

④ 型式试验报告。认证机构应规定统一的型式试验报告格式。

型式试验结束后，实验室应及时向认证机构、认证委托人出具型式试验报告。试验报告应包含对申请单元内所有产品与认证相关信息的描述。认证委托人应确保在获证后监督时能够向认证机构和执法机构提供完整有效的型式试验报告。

（3）认证评价与决定

认证机构对企业质量保证能力和产品一致性检查、型式试验的结论和有关资料/信息进行综合评价，做出认证决定。对符合认证要求的，颁发认证证书；对存在不合格结论的，认证机构不予批准认证委托，认证终止。

（4）认证时限

认证机构应对认证各环节的时限做出明确规定，并确保相关工作按时限要求完成。认证委托人须对认证活动予以积极配合。一般情况下，自受理认证委托起 90 天内向认证委托人出具认证证书。认证依据标准对检测项目及所需时间有特殊要求的，认证机构应在认证实施细则中明确产品检测时限。

### 4. 获证后监督

获证后监督是指认证机构对获证产品及其生产者/生产企业实施的监督。

火灾防护产品获证后监督采取获证后使用领域抽样检测或者检查的方式实施。

认证机构也可结合获证生产企业分类管理和实际情况，增加获证后的跟踪检查、获证后生产现场抽取样品检测或者检查的方式实施获证后监督，具体要求应在认证实施细则中明确。

（1）获证后使用领域抽样检测或者检查

① 原则。获证后使用领域抽样检测或者检查应按一定比例覆盖获证产品。

采取获证后使用领域抽样检测或者检查实施获证后监督的，认证委托人、生产者、生产企业应予以配合并确认从使用领域抽取的样品。

② 内容。获证后使用领域抽样检测：按照认证依据标准及认证实施细则的要求，在使用领域抽样后，由指定实验室实施的检测。

获证后使用领域抽样检查：按照《消防产品现场检查判定规则》（GA 588）、《消防产品一致性检查要求》（GA 1061）及认证实施细则的要求，由认证机构在使用领域对火灾防护产品实施的检查。

认证机构应在认证实施细则中明确获证后使用领域抽样检测或者检查的内容、要求及特殊情况下的处理办法。

（2）获证后的跟踪检查

① 原则。认证机构应在生产企业分类管理的基础上，对获证产品及其生产者/生产企业实施有效的跟踪检查，以验证生产者/生产企业的质量保证能力持续符合认证要求，确保获证产品持续符合标准要求并保持与型式试验样品的一致性。

获证后的跟踪检查应在生产者/生产企业正常生产时，优先选用不预先通知被检查方的方式进行。对于非连续生产的产品，认证委托人应向认证机构提交相关生产计划，便于获证后的跟踪检查有效开展。

采取获证后的跟踪检查方式实施获证后监督的，认证委托人、生产者、生产企业应予以配合。

② 内容。认证机构应按照《强制性产品认证实施规则工厂质量保证能力要求》、《消防产品工厂检查通用要求》（GA 1035）、《消防产品一致性检查要求》（GA 1061），在认证实施细则中明确获证后的跟踪检查的内容、要求及特殊情况下的处理办法。

（3）获证后生产现场领域抽样检测或者检查

① 原则。获证后生产现场抽取样品检测或者检查应覆盖认证产品单元。采取获证后生产现场抽取样品检测或者检查方式实施获证后监督的，认证委托人、生产者、生产企业应予以配合。

② 内容。获证后生产现场抽取样品检测：按照认证依据标准的要求，在生产现场抽取样品后，由指定实验室实施的检测。如生产企业具备《强制性产品认证实施规则生产企业检测资源及其他认证结果的利用要求》和认证依据标准要求的检测条件，认证机构可利用生产企业检测资源实施检测（或目击检测），并承认相关结果；如生产企业不具备上述检测条件，应将样品送指定实验室检测。认证机构应在认证实施细则中明确利用生产企业检测资源实施检测的具体要求及程序。

获证后生产现场抽取样品检查：按照《消防产品一致性检查要求》（GA 1061）及认证实施细则的要求，由认证机构在生产现场对火灾防护产品实施的检查。认证机构应在认证实施细则中明确获证后生产现场抽取样品检测或者检查的内容、要求及特殊情况下的处理办法。

（4）获证后监督频次和时间

认证机构应在生产企业分类管理的基础上，对不同类别的生产企业采取不同的获证后监督频次，合理确定监督时间，具体原则应在认证实施细则中予以明确。

（5）获证后监督的记录

认证机构应当对获证后监督全过程予以记录并归档留存，以保证认证过程和结果具有可追溯性。

（6）获证后监督结果的评价

认证机构对抽取样品检测/检查结论和有关资料/信息进行综合评价。评价通过的，可继续保持认证证书、使用认证标志；评价不通过的，认证机构应当根据相应情形做出注销/暂停/撤销认证证书的处理，并予公布。

## 5. 认证证书

（1）认证证书有效期

本规则覆盖产品认证证书的有效期为5年。有效期内，认证证书的有效性依赖认证机构的获证后监督获得保持。

认证证书有效期届满，需要延续使用的，认证委托人应当在认证证书有效期届满前 90 天内提出认证委托。证书有效期内最后一次获证后监督结果合格的，认证机构应在接到认证委托后直接换发新证书。

（2）认证证书内容

认证证书内容应符合《强制性产品认证管理规定》第二十一条的要求。

（3）认证证书的变更/扩展

获证后，当涉及认证证书、产品特性或认证机构规定的其他事项发生变更时，或认证委托人需要扩展已经获得的认证证书覆盖的产品范围时，认证委托人应向认证机构提出变更/扩展委托，变更/扩展经认证机构批准后方可实施。

认证机构应在控制风险的前提下，在认证实施细则中明确变更/扩展要求，并对变更/扩展内容进行文件审查、检测和/或检查（适用时），评价通过后方可批准变更/扩展。

（4）认证证书的注销、暂停和撤销

认证证书的注销、暂停和撤销，依据《强制性产品认证管理规定》和《强制性产品认证证书注销、暂停、撤销实施规则》及认证机构的有关规定执行。认证机构应确定不符合认证要求的产品类别和范围，并采取适当方式对外公告被注销、暂停和撤销的认证证书。

（5）认证证书的使用

认证证书的使用应符合《强制性产品认证管理规定》的要求。

## 6. 认证标志

认证标志的管理、使用应符合《强制性产品认证标志管理办法》的要求。

（1）标志式样

获得认证的火灾防护产品应使用消防类（F）认证标志，式样为：(CCC)。

（2）使用要求

认证标志一般应加施于产品明显位置，认证机构应在认证实施细则中明确具体要求。

## 二、强制性产品认证实施细则

根据强制性产品认证实施规则，公安部消防产品合格评定中心制定并发布了《强制性产品认证实施细则 火灾防护产品 防火材料产品》。该细则详细地规定了钢结构防火涂料的生产企业分类原则、认证模式选择、认证单元划分、认证流程及时限、获证前的认证要求、获证后监督的认证要求、认证证书、认证的变更，消防产品生产、销售流向管理，认证标志、收费依据与要求，与技术争议、申诉、投诉相关的流程及时限要求，特殊情况认证要求、认证委托时需提交的资料、防火材料产品认证检验规则、获证后监督的基本要求、生产企业质量控制要求、评定中心有关收费规定、认证证书和检验报告样式，消防产品生产、销售流向登记管理系统技术要求。

因其文中明确指出未经公安部消防产品合格评定中心许可，任何组织及个人不得以任何形式全部或部分引用、使用该细则，故本书不做引用。可从公安部消防产品合格评定中心网站（www.cccf.net.cn）下载全文参考。

# 第九章

# 涂料的选用和施工

## 第一节 涂料的选用

### 一、钢结构防火要求

#### 1. 钢结构的耐火极限

要判定钢结构的耐火极限，在 GB 9978（ISO 834）中明确规定，将任一钢构件（梁板、柱）置于标准升温环境中，按规定的炉内气压、受火面、设计荷载进行耐火试验，建筑构件进行标准耐火试验，记录从受到火的作用时起，到构件失去稳定性或完整性或绝热性之时的这段抵抗火燃烧的时间即可。

英国 Warrington 试验中心对裸露钢构件进行耐火试验，裸露钢梁的耐火极限很短，为 10～20min；我国 20 世纪 90 年代初对裸露钢梁的耐火极限进行了验证，确认了 I36b、I40b 两种热轧普通工字钢梁的耐火极限分别为 15min、16min，并作为钢结构标准耐火试验的基础数据。

#### 2. 建筑的耐火极限要求

(1)《建筑设计防火规范》（GB 50016—2014）

不同用途的钢结构建筑，在防火涂料设计时所考虑因素也会有较大的差异。国家标准《建筑设计防火规范》（GB 50016—2014）中，对建筑物的耐火等级、燃烧性能及相应的建筑应达到的耐火极限做出规定。如表 9-1、表 9-2 所示。

表 9-1　不同耐火等级厂房和仓库建筑构件的燃烧性能和耐火极限

| 构件名称 | | 耐火等级/h | | | |
| --- | --- | --- | --- | --- | --- |
| | | 一级 | 二级 | 三级 | 四级 |
| 墙 | 防火墙 | 不燃性<br>3.00 | 不燃性<br>3.00 | 不燃性<br>3.00 | 不燃性<br>3.00 |
| | 承重墙 | 不燃性<br>3.00 | 不燃性<br>2.50 | 不燃性<br>2.00 | 难燃性<br>0.50 |
| | 楼梯间和前室的墙<br>电梯井的墙 | 不燃性<br>2.00 | 不燃性<br>2.00 | 不燃性<br>1.50 | 难燃性<br>0.50 |
| | 疏散走道两侧的隔墙 | 不燃性<br>1.00 | 不燃性<br>1.00 | 不燃性<br>0.50 | 难燃性<br>0.25 |
| | 非承重外墙<br>房间隔墙 | 不燃性<br>0.75 | 不燃性<br>0.50 | 难燃性<br>0.50 | 难燃性<br>0.25 |
| 柱 | | 不燃性<br>3.00 | 不燃性<br>2.50 | 不燃性<br>2.00 | 难燃性<br>0.50 |
| 梁 | | 不燃性<br>2.00 | 不燃性<br>1.50 | 不燃性<br>1.00 | 难燃性<br>0.50 |
| 楼板 | | 不燃性<br>1.50 | 不燃性<br>1.00 | 不燃性<br>0.75 | 难燃性<br>0.50 |
| 屋顶承重构件 | | 不燃性<br>1.50 | 不燃性<br>1.00 | 难燃性<br>0.50 | 可燃性 |
| 疏散楼梯 | | 不燃性<br>1.50 | 不燃性<br>1.00 | 不燃性<br>0.75 | 可燃性 |
| 吊顶(包括吊顶格栅) | | 不燃性<br>0.25 | 难燃性<br>0.25 | 难燃性<br>0.15 | 可燃性 |

注：二级耐火等级建筑内采用不燃材料的吊顶，其耐火极限不限。

表 9-2　不同耐火等级民用建筑相应构件的燃烧性能和耐火极限

| 构件名称 | | 耐火等级/h | | | |
| --- | --- | --- | --- | --- | --- |
| | | 一级 | 二级 | 三级 | 四级 |
| 墙 | 防火墙 | 不燃性<br>3.00 | 不燃性<br>3.00 | 不燃性<br>3.00 | 不燃性<br>3.00 |
| | 承重墙 | 不燃性<br>3.00 | 不燃性<br>2.50 | 不燃性<br>2.00 | 难燃性<br>0.50 |
| | 非承重外墙 | 不燃性<br>1.00 | 不燃性<br>1.00 | 不燃性<br>0.50 | 可燃性 |

续表

| 构件名称 | | 耐火等级/h | | | |
|---|---|---|---|---|---|
| | | 一级 | 二级 | 三级 | 四级 |
| 墙 | 楼梯间和前室的墙 电梯井的墙 住宅建筑单元之间的 墙和分户墙 | 不燃性 2.00 | 不燃性 2.00 | 不燃性 1.50 | 难燃性 0.50 |
| | 疏散走道两侧的隔墙 | 不燃性 1.00 | 不燃性 1.00 | 不燃性 0.50 | 难燃性 0.25 |
| | 房间隔墙 | 不燃性 0.75 | 不燃性 0.50 | 难燃性 0.50 | 难燃性 0.25 |
| 柱 | | 不燃性 3.00 | 不燃性 2.50 | 不燃性 2.00 | 难燃性 0.50 |
| 梁 | | 不燃性 2.00 | 不燃性 1.50 | 不燃性 1.00 | 难燃性 0.50 |
| 楼板 | | 不燃性 1.50 | 不燃性 1.00 | 不燃性 0.50 | 可燃性 |
| 屋顶承重构件 | | 不燃性 1.50 | 不燃性 1.00 | 可燃性 0.50 | 可燃性 |
| 疏散楼梯 | | 不燃性 1.50 | 不燃性 1.00 | 不燃性 0.50 | 可燃性 |
| 吊顶(包括吊顶格栅) | | 不燃性 0.25 | 难燃性 0.25 | 难燃性 0.15 | 可燃性 |

　　注：1. 除 GB 50016 另有规定外，以木柱承重且墙体采用不燃材料的建筑，其耐火等级应按四级确定。

　　2. 住宅建筑构件的耐火极限和燃烧性能可按现行国家标准《住宅建筑规范》（GB 50368）的规定执行。

（2）构件耐火极限

　　在《建筑钢结构防火技术规范》（CECS 200—2006）中对单、多层建筑和高层建筑中的各类钢构件、组合构件等有构件耐火极限的要求，见表 9-3。当低于规定的要求时，应采取外包覆不燃烧体或其他防火隔热的措施。

表 9-3　单、多层和高层建筑构件的耐火极限

| 耐火极限/h 构件名称 耐火等级 | 单、多层建筑 | | | | 高层建筑 | |
|---|---|---|---|---|---|---|
| | 一级 | 二级 | 三级 | 四级 | 一级 | 二级 |
| 承重墙 | 3.00 | 2.50 | 2.00 | 0.50 | 2.00 | 2.00 |

续表

| 耐火极限/h　　耐火等级　　构件名称 | 单、多层建筑 | | | | 高层建筑 | |
|---|---|---|---|---|---|---|
| | 一级 | 二级 | 三级 | 四级 | 一级 | 二级 |
| 柱、柱间支撑 | 3.00 | 2.50 | 2.00 | 0.50 | 3.00 | 2.50 |
| 梁、桁架 | 2.00 | 1.50 | 1.00 | 0.50 | 2.00 | 1.50 |
| 楼板、楼面支撑 | 1.50 | 1.00 | 厂、库房 0.75 / 民用 0.50 | 厂、库房 0.50 / 民用 不要求 | 1.50 | 1.00 |
| 屋顶承重构件、屋面支撑、系杆 | 1.50 | 0.50 | 厂、库房 0.50 / 民用 不要求 | 不要求 | | |
| 疏散楼梯 | 1.50 | 1.00 | 厂、库房 0.75 / 民用 0.50 | 不要求 | | |

注：对造纸车间、变压器装配车间、大型机械装配车间、卷烟生产车间、印刷车间等及类似的车间，当建筑耐火等级较高时，吊车梁体系的耐火极限不应低于表中梁的耐火极限要求。

（3）石油化工企业

工业建筑的钢结构环境复杂，需要根据相关的行业规定选择钢结构防火涂料。石油化工钢结构防火设计的目标就是使钢结构构件的实际耐火时间大于或等于规定的耐火极限，因此，石油化工钢结构防火设计的一般要求是如何定量确定防火保护措施，使得钢结构构件的耐火极限时间大于或等于规定的耐火极限。国家标准《石油化工企业设计防火规范》（GB 50160—2008）中，对承重结构做了耐火保护的规定。

下列承重钢框架、支架、裙座、管架，应覆盖耐火层：

① 单个容积等于或大于 $5m^3$ 的甲、乙 A 类液体设备的承重钢框架、支架、裙座。

② 在爆炸危险区范围内，且毒性为极度和高度危害的物料设备的承重钢构架、支架、裙座。

③ 操作温度等于或高于自燃点的，单个容积等于或大于 $5m^3$ 的乙 B、丙类液体设备承重钢框架、支架、裙座。

④ 加热炉炉底钢支架。

⑤ 在爆炸危险区范围内的主管廊的钢管架。

⑥ 在爆炸危险区范围内的高径比等于或大于 8，且总质量等于或大于 25t 的非可燃介质设备的承重钢框架、支架和裙座。

上述承重钢结构的下列部位应覆盖耐火层，覆盖耐火层钢构件，其耐火极限不应低于1.5h。

① 支承设备钢构架。单层框架的梁、柱；多层框架的楼板为透空的钢格板时，地面以上10m范围的梁、柱；多层框架的楼板为封闭式楼板时，地面至该层楼板面及其以上10m范围的梁、柱。

② 支承设备钢支架。

③ 钢裙座外侧未保温部分及直径大于1.2m的裙座内侧。

④ 钢管架。底层主管带的梁、柱；地面以上4.5m内的支承管道的梁、柱；上部设有空气冷却器的管架，其全部梁柱及承重斜撑；下部设有液化烃或可燃液体泵的管架，地面以上10m范围的梁、柱。

⑤ 加热炉从钢柱柱脚板到炉底板下表面50mm范围内的主要支承构件应覆盖耐火层，与炉底板连续接触的横梁不覆盖耐火层。

⑥ 液化烃球罐支腿从地面到支腿与球体交叉处以下0.2m的部位。

**（4）广播电视建筑**

部分专用建筑也应根据使用性质对钢构件防火保护情况做出相关规定，GY 5067—2003《广播电视建筑设计防火规范》中将广播电视建筑的等级分为一、二级，其构件的燃烧性能和耐火极限应符合表9-4的规定。

表9-4　建筑构件的燃烧性能和耐火极限

| 建筑构件 | 燃烧性能和耐火极限/h | 耐火等级 | |
|---|---|---|---|
| | | 一级 | 二级 |
| 墙 | 防火墙 | 不燃烧体,3.00 | 不燃烧体,3.00 |
| | 楼梯间墙、电梯井墙 | 不燃烧体,2.00 | 不燃烧体,2.00 |
| | 非承重外墙、疏散走道两侧的隔墙、电缆井、管道井墙、钢结构电梯井壁板 | 不燃烧体,1.00 | 不燃烧体,1.00 |
| | 房间隔墙 | 不燃烧体,0.75 | 不燃烧体,0.50 |
| | 承重墙 | 不燃烧体,3.00 | 不燃烧体,2.50 |
| 金属承重构件、钢结构梁、柱 | | 不燃烧体,3.00 | 不燃烧体,2.50 |
| 梁 | | 不燃烧体,2.00 | 不燃烧体,1.50 |
| 楼板、疏散楼梯、屋顶承重构件 | | 不燃烧体1.50 | 不燃烧体,1.00 |
| 吊顶 | | 不燃烧体,0.25 | 不燃烧体,0.25 |

注：钢结构电梯井壁板指安装在钢结构电视塔架上的电梯井的围护结构。

标准中明确指出，建筑承重构件采用金属构件时，下列金属承重构件必须采取防火隔热措施，并达到表 9-4 规定的耐火极限要求。

① 广播电视发射塔塔楼内部的金属承重构件；

② 广播电视中心内部的电视演播室、多功能演播厅等的金属承重构件；

③ 除露天钢结构外的其他钢结构梁、柱。

（5）《飞机库设计防火规范》（GB 50284—2008）

飞机库简称机库，用于停放和维修飞机，由于机库跨度大，结构自重大，因此采用钢结构作屋盖承重体系比较普遍。该国标将飞机库分为Ⅰ类、Ⅱ类、Ⅲ类飞机库，耐火等级分为一、二两级。Ⅰ类飞机库的耐火等级应为一级。Ⅱ、Ⅲ类飞机库的耐火等级不应低于二级。

其对建筑构件要求应为不燃烧体材料，耐火极限不低于表 9-5 的规定。

表 9-5　构件的耐火极限

| 构件名称 | | 耐火极限/h　耐火等级 | |
|---|---|---|---|
| | | 一级 | 二级 |
| 防火墙 | | 3.00 | 3.00 |
| 墙 | 承重墙 | 3.00 | 2.50 |
| | 楼梯间、电梯井的墙 | 2.00 | 2.00 |
| | 非承重外墙、疏散走道两侧的隔墙 | 1.00 | 1.00 |
| | 房间隔墙 | 0.75 | 0.50 |
| 柱 | 支撑多层的柱 | 3.00 | 2.50 |
| | 支撑单层的柱 | 2.50 | 2.00 |
| | 柱间支撑 | 1.50 | 1.00 |
| 梁 | | 2.00 | 1.50 |
| 楼板、疏散楼梯、屋顶承重构件 | | 1.50 | 1.00 |
| 吊顶 | | 0.25 | 0.25 |

在飞机停放和维修区内，支承屋顶承重构件的钢柱和柱间钢支撑应采取防火隔热保护措施，并应符合规范规定的耐火极限。

飞机库停放和维修区屋顶金属承重构件应采取外包防火隔热板或喷涂防火隔热涂料等措施，进行防火保护，当采用泡沫-水雨淋系统或采用自动喷水灭火系统时，屋顶可采用无防火保护的金属构件。

在不同地区施工，还应遵循相关的地标，如上海地区的工程可以参照上

海市工程建设规范《建筑钢结构防火技术规程》（DG-TJ08-008—2000）
执行。

## 二、不同建筑的选用类型

### 1.《钢结构防火涂料应用技术规范》（CECS 24—90）

民用建筑及大型公共建筑的承重钢结构采用防火涂料进行防火，需遵循建筑物耐火等级及构件耐火时限要求，还应根据中国工程建设标准化协会标准《钢结构防火涂料应用技术规范》（CECS 24—90）的规定要求施工，在该规范中，对钢结构防火涂料的使用做出了明确规定。

① 室内裸露钢结构、轻型屋盖钢结构及有装饰要求的钢结构，当规定其耐火极限在 1.5h 及以下时，宜选用薄涂型钢结构防火涂料。

② 室内隐蔽钢结构、高层全钢结构及多层厂房钢结构，当规定其耐火极限在 1.5h 以上时，应选用厚涂型钢结构防火涂料。

③ 露天钢结构，应选用适合室外用的钢结构防火涂料。

④ 用于保护钢结构的防火涂料应不含石棉，不用苯类溶剂，在施工干燥后应没有刺激性气味；不腐蚀钢材，在预定的使用期内须保持其性能。

钢结构构件的防火喷涂保护方式，宜按图 9-1 选用。

### 2.《建筑钢结构防火技术规范》（CECS 200—2006）

钢结构防火涂料品种的选用，《建筑钢结构防火技术规范》（CECS 200—2006）中也有相应的规定：

① 高层建筑钢结构和单、多层钢结构的室内隐蔽构件，当规定的耐火极限为 1.5h 以上时，应选用非膨胀型钢结构防火涂料。

② 室内裸露钢结构、轻型屋盖钢结构及有装饰要求的钢结构，当规定其耐火极限在 1.5h 以下时，可选用膨胀型钢结构防火涂料。

③ 钢结构（耐火极限要求不小于 1.5h）以及室外的钢结构工程，不宜选用膨胀型钢结构防火涂料。

④ 露天钢结构，应选用适合室外用的钢结构防火涂料，且至少应经过一年以上室外钢结构工程的应用验证，涂层性能无明显变化。

⑤ 复层涂料应相互配套，底层涂料应能同普通防锈漆配合使用，或者底层涂料自身具有防锈功能。

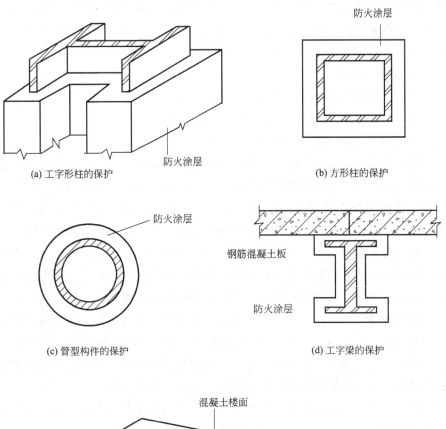

(a) 工字形柱的保护　　　　　(b) 方形柱的保护

(c) 管型构件的保护　　　　　(d) 工字梁的保护

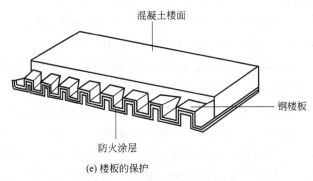

(e) 楼板的保护

图 9-1　钢结构防火保护方式

## 3. 一般选用方法

　　钢结构的防火工程设计必须包括构件的耐火时限的确定，防火涂料或者防火板材的类别、厚度、构造与计算选定，对防火材料的性能、施工、验收等技术要求以及所依据的防火设计施工或材料规范等。必须慎重合理地确定设计项目的防火类别与建筑物防火等级，必要时与消防部门共同商定防火标准。承重钢梁结构采用厚涂型防火涂料时，重要节点部位下要加厚处理，如果有下列任一种情况，涂层内应设与钢梁相连的钢丝网：

① 受振动的梁；

② 涂层厚度大于或等于 40mm 的梁；

③ 梁用防火涂料粘接强度小于或等于 0 时；

④ 梁腹板高度超过 1.5m 时。

有防火要求的屋盖钢结构，要采用实腹式截面，采用桁架结构时，采用 T 形钢截面或圆管方形和矩形管截面的杆件，而不宜采用双角钢组合带节点板的 T 形截面或双槽钢组合带节点板的工字形截面。屋盖和楼盖钢构件的防火材料宜用薄涂涂料，必要时要将材料的质量计入结构计算荷载之中。

各类防火涂料的特性及适用范围不同，膨胀型防火涂料涂层薄、重量轻、抗震性好，有较好的装饰性，缺点是施工时气味较大，涂层易老化，若处于吸湿受潮状态会失去膨胀性。因此，多用于非潮湿环境的外露钢构件。

非膨胀型防火涂料一般不燃、无毒、耐老化、耐久性较可靠，构件的耐火极限可达 3h 以上，适用于永久性建筑中。钢结构厚涂型防火涂料喷涂施工，密度小、物理强度和附着力低，需要装饰面层隔护，有装饰面层的建筑钢结构柱、梁等露天防火涂料喷涂施工，有良好的耐候性。

在工程中可优先选用薄涂型防火涂料。选用厚涂型防火涂料时，外表面一般做装饰面隔护。装饰要求较高的部位可以选用超薄型防火涂料。

工业与民用建筑楼盖与屋盖钢结构超薄型防火涂料附着力强、干燥快、可以配色、有装饰效果，一般不需要外保护层。

钢结构防火涂料的选用过程中，应密切注意涂料的使用环境，室外钢结构防火涂料的耐曝热性、耐冻性、耐酸性、耐碱性一般优于室内用钢结构防火涂料，特殊建筑用的钢结构防火涂料技术指标要求更高，一般说来，非膨胀型比膨胀型耐候性好，而非膨胀型中蛭石、珍珠岩颗粒型厚质涂料并采用水泥为粘接剂要比水玻璃为粘接剂的好。特别是水泥用量较多、密度较大的更适宜用于室外。

体育场馆结构防火的重点是屋盖承重部分，可以采用耐高温的钢材制作承重网架，这样可以适当地提高网架的耐火时间；采用耐火极限值较高的超薄型防火涂料施涂于网架之上，这样可以保持网架外形的美观和减轻网架的自重。

在钢结构防火涂料选用中需要按照相关规范，避免部分误区，如认为防火涂料的耐火时间与涂料的厚度成正比，只要增加防火涂料的厚度就可以相应提高涂料的耐火时间，从而错误地把一些超薄型涂料用于耐火极限要求大于 1.5h 的承重钢结构，或者是将饰面型防火涂料应用于钢结构工程。

## 三、钢结构防火涂料的厚度

### 1. 厚度确定原则

钢结构防火涂料的涂层厚度，可按下列原则之一确定：

① 按照有关规范对钢结构不同构件耐火极限的要求，根据标准耐火试验数据选定相应的涂层厚度。

② 根据标准耐火试验数据，参照相关规范计算，确定涂层的厚度。

③ 施加给钢结构的涂层质量应计算在结构荷载内，不得超过允许范围。

④ 保护裸露钢结构以及露天钢结构的防火涂层，应规定出外观平整度和颜色装饰要求。

### 2. 钢结构防火涂料厚度与耐火极限的关系

耐火极限是随着涂层厚度的增加而增加的，涂层厚度与耐火极限见表 9-6 和表 9-7。

表 9-6　涂层厚度与耐火极限（GB 9978 建筑升温曲线）

| 耐火极限 | 1.5h | 2.0h | 2.5h | 3.0h |
| --- | --- | --- | --- | --- |
| 涂层厚度 | 11mm | 15mm | 19mm | 23mm |

表 9-7　涂层厚度与耐火极限（BSEN 1363-2 烃类火灾升温曲线）

| 耐火极限 | 1.5h | 2.0h | 2.5h |
| --- | --- | --- | --- |
| 涂层厚度 | 15mm | 24mm | 32mm |

《建筑钢结构防火技术规范》（CECS 200—2006）中对不同截面钢管涂料厚度与耐火极限给出了相应的规定。

根据相关的标准，可以认为，钢结构防火涂料的耐火极限与检测时的涂层厚度是唯一对应的，施工时的实际喷涂厚度不能进行换算，必须根据耐火极限的检测数据确定。在施工现场进行质量检测时，涂层厚度是否满足设计要求应以该批次耐火极限的检测数据为依据。

### 3. 钢结构防火涂料施用厚度计算方法

根据《钢结构防火涂料》（GB 14907—2002），在设计防火保护涂层和喷涂施工时，根据标准试验得出某一耐火极限的保护层厚度，确定不同规格钢构件达到相同耐火极限所需的同种防火涂料的保护层厚度。

一般说来，薄涂型钢结构防火涂料厚度在 3～10mm，厚涂型钢结构防火涂料厚度在 25～40mm，所使用防火涂料的涂层厚度，应该直接采用实际构件的耐火试验数据。当构件的截面尺寸或形状与试验标准构件不同时，应按现行的 CECS 24—90 中的附录三，推算所需要的防火涂层厚度。

《钢结构防火涂料应用技术规范》（CECS 24—90）中规定了钢结构防火涂料施用厚度计算方法。在设计防火保护涂层和喷涂施工时，根据标准试验得出某一耐火极限的保护层厚度，确定不同规格钢构件达到相同耐火极限所需的同种防火涂料的保护层厚度，可参照下列经验公式计算：

$$T_1 = \frac{W_2/D_2}{W_1/D_1} \times T_2 \times K$$

式中　$T_1$——待喷防火涂层厚度，mm；

　　　$T_2$——标准试验时的涂层厚度，mm；

　　　$W_1$——待喷钢梁质量，kg/m；

　　　$W_2$——标准试验时的钢梁质量，kg/m；

　　　$D_1$——待喷钢梁防火涂层接触面周长，mm；

　　　$D_2$——标准试验时钢梁防火涂层接触面周长，mm；

　　　$K$——系数，对钢梁，$K=1$；对相应楼层钢柱的保护层厚度，宜乘以系数 $K$，设 $K=1.25$。

公式的限定条件为：$W/D \geqslant 22$，$T \geqslant 9mm$，耐火极限 $t \geqslant 1h$。

重要的承重构件可以采用耐火钢外加防火涂料的防火方法，其防火设计对材料性能、构造施工等方面有技术要求，可以参考上海市地方标准《钢结构防火技术规程》的规定。

### 4. 厚度指标

（1）参考厚度

《钢结构应用技术规范》（CECS 24—90）对薄型钢结构防火涂料的厚度没有做出详细的规定，规范中的厚度以某一特定厚度应（至少）达到的耐火极限时间表示。工程使用防火涂料时，厚度一般根据厂家的检测报告确定。

北京市地标《建筑防火涂料（板）工程设计、施工与验收规程》（DB 11/1245—2015）中对钢结构梁的防火涂料涂层设计厚度做出规定，不得低于表 9-8 的要求，严禁进行厚度换算。

表 9-8 钢结构梁的防火涂料涂层设计最小厚度要求

| 耐火极限/h ＼ 厚度 | 膨胀型钢结构防火涂料/mm | 非膨胀型钢结构防火涂料/mm |
|---|---|---|
| 0.5 | ≥1.0 | ≥8 |
| 1.0 | ≥2.0 | ≥12 |
| 1.5 | ≥3.0 | ≥15 |
| 2.0 | ≥4.5 | ≥18 |
| 2.5 | ≥6.5 | ≥22 |
| 3.0 | — | ≥25 |

根据工程人员的经验，优质的薄型钢结构防火涂料可以达到表 9-9 所示指标。

表 9-9 优质的薄型钢结构防火涂料厚度与耐火极限

| 耐火极限/h | 2.5 | 2.0 | 1.5 | 1.0 |
|---|---|---|---|---|
| 涂层厚度/mm | 5 | 3.5 | 1.8 | 1.2 |

在结构耐火试验中，涂层厚度 2mm 的薄型钢结构防火涂料、涂层厚度 1.8mm 的超薄型钢结构防火涂料、涂层厚度 10mm 的厚型钢结构防火涂料，其耐火极限都能达到 1.5h。

在施工过程中，涂料厚度的掌握必须严格按照标准及法规的规定进行施涂，不可与地标、行标等发生冲突。钢结构防火涂料选用、施工时也应注意，涂料并非厚度越厚，耐火极限越高。

一般防火涂料的产品说明书中会列出耐火极限和相应的涂层厚度，在耐火极限的试验报告中，也能看出在进行耐火试验时所采用的型钢规格及涂层厚度。

超薄型和薄型防火涂料使用过程中，可以耐火极限报告的涂层厚度为依据，进行选用；石化工程设计时，采用的厚型防火涂料往往不会对不同的构件设计成不同的厚度要求，一般一套装置钢结构按同一耐火极限进行要求。

（2）参考用量

使用钢结构防火涂料时，钢结构的耐火等级不同，要求涂刷不同的防火涂料。一般情况下，超薄型钢结构防火涂料在三类防火涂料中密度最大，其参考用料量为 $1.6kg/(m^2 \cdot mm)$ 左右，亦即每毫米干膜厚度，每平方米钢结构表面需要 1.6kg 的涂料；薄型钢结构防火涂料的参考用料量为 $1.2kg/(m^2 \cdot mm)$ 左右；厚型钢结构防火涂料目前单组分较为常见，其干料的密度一般为 $500kg/m^3$，与水 1∶1 混合后施工，参考用料量为 $1.0kg/(m^2 \cdot mm)$ 左右。

表 9-10～表 9-12 为某厂家进行涂料施工时各类型涂料的参考用料量，可以作为研究参考，实际应根据涂料的耐火试验报告进行。

表 9-10　超薄型钢结构防火涂料的参考用料量

| 耐火极限/h | 2.0 | 1.5 | 1.0 | 0.5 |
|---|---|---|---|---|
| 涂层厚度/mm | 2.2 | 1.8 | 1.2 | 0.8 |
| 参考用料量/kg | 3.3 | 2.9 | 1.6 | 1.1 |

表 9-11　薄型钢结构防火涂料的参考用料量

| 耐火极限/h | 2.5 | 2.0 | 1.5 | 1.0 |
|---|---|---|---|---|
| 涂层厚度/mm | 5 | 3.5 | 1.8 | 1.2 |
| 参考用料量/kg | 6 | 4.5 | 2.5～3.5 | 1.5 |

表 9-12　厚型钢结构防火涂料的参考用料量

| 耐火极限/h | 3 | 2.5 | 1.5 |
|---|---|---|---|
| 涂层厚度/mm | 23 | 20 | 15 |
| 参考用料量/kg | 23 | 20 | 15 |

（3）防火涂料的工程用量

钢结构建筑施工前，可由建筑工程造价人员根据建筑工程的表面积进行精确计算。防火工程造价占据较大成本，英国 40%～50% 的多层结构都采用钢框架，防火工程的造价占总工程造价的 20% 左右，我国防火工程的造价大约占工程造价的 1/3。如果要精确计算，需先算出钢结构的表面积。

① 轻型钢结构建筑物。轻型钢结构中需要进行防火处理的受力部件包

括柱、梁、檩条、连接件，各种构件的使用部位不同，部件的防火要求不同，因此，涂刷面积要分开进行计算。

a. 柱形。柱形结构有两种，包括方形柱、H 形柱。

方形柱的面积按长方形计算其周长 $(a+b)×2$，再乘以高度 $L$，即可得出面积。

H 形柱主要采用的是 H 形钢，计算面积时，先算出其周长，上下翼缘板的四面和腹板的两面，即 $(4b+2h)$ 再乘以高度 $L$，即可得出面积。以上计算的是主面积，另外，如果要考虑接头、伸腿等处的面积，可以加 5% 的系数。

b. 梁。梁的纵切面一般为 H 形，由于中间的弓高不一定相同，因此，梁的纵切面结构一般按梯形面计算面积。

c. 檩条。一般为 C 形钢，纵切面为 C，以尺寸为 300mm×200mm×100mm×3mm 的 C 形檩条为例，其纵高 300mm，横端 200mm，拐点 100mm，壁厚 3mm。

计算面积公式为：$S=(300×2+200×4+100×4)×L$。

梁和檩条架在柱上，与柱的连接处部分面积被遮盖，不能涂刷钢结构涂料，所以可以扣除不超过 8% 的面积。

d. 其他连接件。在钢结构建筑安装中，需要圆钢拉筋、角钢斜撑、圆管、螺栓、铆钉等紧固件连接建筑。这些连接件面积小，占总面积的 5%～15%。

以 5♯ 角钢为例，∠50×5 表示角钢为等边角钢，边长为 50mm，面积公式为：$S=50×4×L$。

圆管的面积公式为：$S=$ 外圆周长 $×L$。

轻型钢架建筑物承力结构涂刷钢结构防火涂料时，可以按照上述方法进行工程量的计算，计算过程严格按照图纸，构件较多，应注意避免漏计或重复计算的情况。

② 网架结构。钢网架结构是由很多杆件根据不同的网格形式，通过节点联结而成的，基本组件为直径相同或不同的钢管与钢球。其部分杆件和节点的形状、尺寸相同，形成了网架的基本单元，包括三角锥、三棱体、正方体、截头四角锥等。

由于结构的特殊性，其计算方法有所不同，网架结构一般为双层结构，部分网架为三层结构，由钢球、钢管等构件组成，可以根据构件的面积及数目计算出总面积。

③ 防火涂料工程的造价计算。钢结构防火涂料工程的造价需要根据钢构件表面积、防火等级、涂料种类分别进行计算，涂料、施工、消防验收等各项支出均应包含在内，工程总价包括（涂料的理论用量×损耗系数×单价）施工费、税费、利润。如果采用喷涂施工，可以增加 10%～30% 损耗量，如果采用刷涂或辊涂施工，损耗量为 5%～20%。

也可以用钢结构总质量乘以系数 0.05，公式为：涂料总质量＝钢结构总质量×0.05×涂层厚度×涂料相对密度。

还可以通过此公式进行计算，理论用量（$m^2/L$）＝1000×体积固含量÷干膜厚度（$\mu m$）。

钢结构防火涂料工程复杂，应注意各项施工资料整理保管，施工单位不仅要注意防火涂料的材料费，还应考虑材料检测费、脚手架费、运输及保险费、人工费、施工机械费、因运输、二次搬运及安装造成的材料损耗费、现场施工产生的二次搬运费，临时设施费、垃圾清运费、水电费、消防报建验收费、工商税费、售后服务费、管理费、利润等各项费用。

## 第二节　钢结构表面处理

表面处理是钢结构防火涂料涂装质量的基础，处理的程度影响钢结构保护效果，涂料涂覆的钢结构表面如果没有良好的表面处理，其预期的使用效果较难实现，甚至可能会短期内出现大量涂膜弊病，从而失去保护功能。因此必须对钢结构进行良好的表面处理，涂覆上去的涂料才能真正发挥其效用。

表面处理可以从机械和化学两个方面为防火涂料创造良好的基础，当钢板表面处理后，通过放大观察可以发现，表面类似于砂纸，由微小的波峰和波谷形成粗糙表面，涂料分子与钢材表面通过锚固在波谷里，形成机械咬合，从而实现理想的涂装效果。

## 一、基材的处理

钢结构在加工、储运、施工等过程中，其结构表面会形成一些铁锈、焊渣、油污、鳞皮、机械污物、毛刺，甚至旧漆膜等，在钢结构防火涂料涂装施工之前应将构件表面的残余物清理干净，基材的灰尘、杂物等必须打扫，缝隙可以采用防火涂料补平，表面的净化处理主要包括除油、除锈。

**1. 除油**

钢结构的油污严重影响涂料的附着力，根据构件表面的油污情况，可选用不同类型的溶剂进行处理，一般选择成本低、溶解力强、毒性小且不易燃的溶剂。如200号汽油、松节油、三氯乙烯、四氯乙烯、四氯化碳、二氯甲烷、三氯乙烷、三氟三氯乙烷等。

**2. 除锈**

对钢结构而言，其表面清理的除锈质量，直接关系到涂层质量。通过彻底清除钢材表面的锈垢，可以大大延长涂膜的使用寿命。钢材表面有不同的除锈方法。

（1）手工除锈

由人工采用简单工具，如刮刀、砂轮、砂布、钢丝刷等，除去松动、翘起的氧化皮，疏松的锈及其他污物，工作效率低、劳动条件差、除锈不彻底。

（2）机械除锈

除锈设备借助于机械冲击力与摩擦作用，使制件表面除锈。可以用来清除氧化皮、锈层、旧漆层及焊渣等。其特点是操作简便，比手工除锈效率高。包括抛丸除锈、电动除锈、喷砂除锈、高压水磨料除锈等。

喷砂除锈最为常用，它利用压缩空气的压力，连续不断地用石英砂或铁砂冲击钢构件表面，铁锈、油污等杂物即可被清理干净，该方法除锈效率高而且彻底。

（3）化学除锈

化学除锈主要包括酸洗除锈和除锈剂除锈，酸洗除锈以酸溶液接触钢材表面锈层，铁锈发生化学变化溶解在酸中，实现除锈目的。常用的有浸渍、喷射、涂覆3种处理方式。酸洗除锈效率高，除锈彻底，但是酸洗后必须用水进行彻底冲洗，以去除残酸，防止酸对构件形成更加厉害的锈蚀。

除锈剂除锈，是指采用络合除锈剂除锈，可在酸、碱环境中进行，除酸的同时还可进行除油、磷化等综合表面处理。

## 二、表面处理的对象

钢材进行表面处理，需要清理可见污染物和不可见污染物。

可见污染物指肉眼可见的各种各样的杂物，包括污垢、灰尘、油脂、锈蚀、湿气以及氧化皮等。除去它们以保证涂层的附着力，确保不会从钢材表面剥落。

钢材表面还有一些肉眼看不见的化学污染物，包括工业大气沉积下来的化学物质和海洋大气沉积下来的氯盐，危害最大的是可溶性盐分，如氯化物、硫化物，主要聚集在钢材蚀坑处。如果这些污染物没有清理干净，它们会加速钢材腐蚀，吸湿并造成漆膜弊病，如起泡、分层等。干喷砂、打磨并不能除净，必须进行淡水冲洗才能除去。

## 三、表面处理的标准

判断表面处理的程度时，可根据《涂覆涂料前钢材表面处理 表面清洁度的目视评定 第1部分：未涂覆过的钢材表面和全面清除原有涂层后的钢材表面的锈蚀等级和处理等级》（GB/T 8923.1—2011）进行，其等同采用 ISO 8501：2007。

ISO 8501：2007 由 ISO/TC35 "油漆与清漆" 技术委员会下属 SC12 "涂装油漆与相关产品前钢材表面的预处理" 专门小组负责起草，包括下列组成部分。

——部分 1　未涂装钢材与全面去除已有涂装钢材的锈蚀等级与预处理等级。

——部分 2　部分去除已有涂装的已涂装钢材的预处理等级。

——部分 3　带有表面缺陷的焊缝、边角等区块的预处理等级。

——部分 4　关于高压喷水除锈的初始表面情况、预处理等级和除锈等级。

GB 8923.1—2011 将除锈等级分成喷射清理、手工和动力工具清理、火焰清理三种类型。

**1. 喷射清理**

用字母"Sa"表示,分四个等级。

(1) Sa1 轻度的喷射清理

在不放大的情况下进行观察时,表面应无可见的油、脂和污物,并且没有附着不牢的氧化皮、铁锈、涂层和外来杂质。

(2) Sa2 彻底的喷射清理

在不放大的情况下进行观察时,表面应无可见的油、脂和污物,并且没有附着不牢的氧化皮、铁锈、涂层和外来杂质。任何残留污染物应附着牢固。

(3) Sa2.5 非常彻底的喷射清理

在不放大的情况下进行观察时,表面应无可见的油、脂和污物,并且没有附着不牢的氧化皮、铁锈、涂层和外来杂质。任何污染物的残留痕迹应仅呈现为点状或条状的轻微色斑。

(4) Sa3 使钢材表观洁净的喷射清理

在不放大的情况下进行观察时,表面应无可见的油、脂和污物,并且没有附着不牢的氧化皮、铁锈、涂层和外来杂质,该表面应具有均匀的金属光泽。

**2. 手工和动力工具清理**

用字母"St"表示,分为两个等级。

(1) St2 彻底的手工和动力工具清理

在不放大的情况下进行观察时,表面应无可见的油、脂和污物,并且没有附着不牢的氧化皮、铁锈、涂层和外来杂质。

(2) St3 非常彻底的手工和动力工具清理

同 St2,但表面处理应彻底得多,表面应具有金属底材的光泽。

**3. 火焰清理**

用字母"F1"表示,只有一个等级。

F1 火焰清理。在不放大的情况下观察时,表面应无氧化皮、铁锈、涂层和外来杂质。任何残留的痕迹应仅为表面变色（不同颜色的暗影）。

　　一般在表面处理前，应铲除全部厚锈层。可见的油、脂和污物也应清除掉。表面清理后，应清除表面的浮灰和碎屑。

　　除锈等级的评定参见 GB 8923 的典型样本照片。

　　一般对超薄钢结构防火涂料经喷砂除锈达到 Sa2.5，手工除锈达到 St3 级以上。薄型钢结构防火涂料标准可适当降低，工厂基层除锈等级不低于 Sa2，现场返锈或损坏的漆膜应补涂，除锈等级达到 St3 级即可。

## 第三节　涂料的施工

　　防火涂料施工作为防火涂料的二次生产，必须通过施工涂装到建筑构件表面成膜后才能起到防火保护作用，所以涂装的准备工作、施工环境条件、施工方法等多方面都需要质量控制。防火涂料工程的施工应由经批准的施工单位负责，全部施工过程应做记录。

　　防火涂料涂装的基层应无油污、灰尘、泥砂等污垢，涂层应尽量达到颜色均匀、轮廓清晰、接搓平整、无凹陷、粘接牢固，无粉化、松散和浮浆。在施工过程中，工艺参数还应该根据当时的天气环境，如湿度、温度、空气流动速度等情况加以调整。

　　钢结构防火涂料在工程中施工应用，应符合《涂覆涂料钢材表面处理表面清洁度的目视评定》（GB 8923）、《钢结构防火涂料》（GB 14907）、《钢结构工程施工质量验收规范》（GB 50205—2001）、中国工程建设标准化协会标准《钢结构防火涂料应用技术规范》（CECS 24—90）的规定，不同种类的防火涂料施工过程中需要注意的问题也有不同之处。

## 一、施工工艺

　　钢结构防火涂料施工之前，应做好施工准备，了解工程特点、难点及解决的主要对策，确定工程主体的钢结构设计耐火等级、钢柱耐火极限、主要工程量及工程材料。进行施工部署，明确施工目标、管理目标、施工工艺，进行基面处理、检查验收；按照设计要求，采购防火涂料原材料并验收；按照工程实际情况配备相应的施工人员和施工机具。几种钢结构防火涂料的施工工艺有所差别，见表9-13。

表 9-13　施工工艺

| 涂料种类 | 超薄型 | 薄型 | 厚型 |
|---|---|---|---|
| 基料的类型 | 溶剂型、水性 | 水性 | 水性 |
| 施工方式 | 刷涂、喷涂 | 喷涂 | 喷涂、抹涂 |
| 施工速度 | 较慢 | 快 | 较快 |
| 施工周期 | 长 | 短 | 短 |
| 涂层外观 | 平整、光滑，可配套面漆 | 表面较粗糙，一般无法抹平，可配套面漆 | 表面粗糙，外罩装饰性涂料 |
| 应用范围 | 室内裸露钢结构、轻型屋盖钢结构及装饰要求的钢结构，耐火极限在1.5h(部分省市为2h)及以下时，大多数情况下，可替代薄型防火涂料 | 室内裸露钢结构、轻型屋盖钢结构及装饰要求不高的钢结构，耐火极限在1.5h(部分省市为2h)及以下时，通风不良的环境；现场条件出现用火情况，如电焊等 | 室内隐蔽钢结构；高层全钢结构；多层厂房钢结构；耐火极限在1.5h(部分省市改为2h)或以上 |

### 1. 厚型钢结构防火涂料涂装

（1）施工方法及机具

一般采用喷涂方法涂装，机具为压送式喷涂机，配备能够自动调压的空压机，宜采用重力式（或喷斗式）喷枪，口径为 10～12mm，空气压力为 0.4～0.6MPa。

局部修补和小面积构件可采用抹灰刀手工抹涂。

（2）涂料配制

一般厚型钢结构防火涂料分为底层、中层、面层涂料，根据其组分的不同，按照产品说明书，进行搅拌。

对于单组分的湿涂料，现场搅拌均匀即可；单组分干粉涂料和双组分涂料，应严格按照产品说明书的规定配比，混合搅拌，并使均匀一致，稠度适宜，边配边用，当天配制的涂料必须在说明书规定的时间内使用完，随配随用。

手工拌料以一包涂料为宜，随用随拌；机械搅拌时，以搅拌机的容量适中为宜，低速搅拌，时间在 10～15min 即可，一般在搅拌过程中加入增强剂和水的混合溶液。

（3）涂装施工

喷涂施工应分遍完成，第一层喷涂以基本盖住钢材表面即可，可控制在1～3mm，每平方米用料 1～3kg；以后每层喷涂厚度不宜超过 10mm，一般7mm 左右为宜，每平方米用料 2～7kg。

前一遍涂层基本干燥后，方可继续喷涂下一遍涂料，通常每天喷涂一层。炎热干燥天气施工，可以在涂层表面适当喷水，再涂抹下一遍，可以防止涂层干燥过快而造成的裂纹，从而影响层与层之间的粘接力。

喷涂保护方式、喷涂层数和涂层厚度可以根据防火施工设计要求，具体情况具体分析确定。

喷涂时，喷枪要垂直于被喷涂钢构件表面，喷距为 300～500mm，喷涂气压保持在 0.4～0.6MPa。喷枪运行的速度稳定，配料、加料要连续。

施工过程中，操作者可用测厚针检测涂层厚度，直到符合设计规定的厚度，方可停止喷涂。

喷涂后，确保均匀平整。对于明显凹凸不平处，采用抹灰刀等工具进行剔除和补涂处理，以确保涂层表面均匀。

（4）一般注意事项

涂料搅拌均匀后应在 30min 内使用完毕，一般是随拌随用；二次施工厚度控制在 8mm 以内，每遍涂料施工周期控制在 24h 内；炎热干燥天气则应缩短施工周期，对涂层进行养护；涂层完全固化干燥后方可进行面层配套涂料的施工。

厚型钢结构防火涂料主要采用湿法喷涂工艺，以珍珠岩为骨料、水玻璃（或硅溶胶）为胶黏剂的双组分涂料，采用喷涂施工；以膨胀蛭石、珍珠岩为骨料，水泥为粘接剂的单组分涂料，可以喷涂、手工涂抹施工。

## 2. 薄型钢结构防火涂料涂装

（1）施工方法及机具

宜采用喷涂工艺涂装，面层装饰涂料可以采用刷涂、喷涂或辊涂等方法，局部修补或小面积构件，可用手工抹涂。不具备喷涂条件时，可采用抹灰刀等工具进行手工抹涂。

机具为重力式喷枪，配备能够自动调压的空压机，喷涂底层及主涂层时，喷枪口径为 4～6mm，空气压力为 0.4～0.6MPa；喷涂面层时，喷枪口径为 6～8mm，空气压力为 0.4MPa 左右。

（2）涂料配制

单组分涂料进行充分搅拌；双组分涂料，按照产品说明书规定的配比混合，现场调配，搅拌均匀。

喷涂施工应分层完成，一般涂料的第一遍涂层厚度 1mm 左右，干燥后喷涂第二遍，直到达到耐火极限等级要求相应的涂层厚度。

喷涂后的涂层应完全闭合，轮廓清晰，无流挂、粉化、空鼓、脱落、漏涂和宽度大于 0.5mm 裂纹等缺陷。

喷涂后，喷涂形成的涂层是粒状表面，当设计要求涂层表面平整光滑时，待喷涂完最后一遍应采用抹灰刀等工具进行抹平处理，以确保涂层表面均匀平整。

### 3. 超薄型钢结构防火涂料涂装

（1）施工方法及机具

一般使用刷涂或无气喷涂方法施工。无气喷涂输出压力不小于 0.25MPa，喷嘴直径 2～6mm。

（2）涂料配制

单组分涂料进行充分搅拌；双组分涂料，按照产品说明书规定的配比混合，现场调配，搅拌均匀。如遇防火涂料黏度过大，可加入相应的溶剂进行稀释。

喷涂施工与另外两种涂料相同，必须分层完成，每道涂层厚度予以控制，控制在 0.25～0.4mm，前一道涂层干燥后，方可进行下一道的涂装，一般说来夏季时间为 4h，冬季为 8h。

### 4. 防火涂层的返修或返工

当防火涂层出现下列情况之一时，应进行重喷或补涂处理：

① 涂层干燥固化不好，粘接不牢或粉化、空鼓、脱落时。

② 钢结构的接头、转角处的涂层有明显凹陷、漏涂时。

③ 超薄型钢结构防火涂料表面出现明显裂纹时；薄型钢结构防火涂料表面裂纹宽度大于 0.5mm 时；厚型钢结构防火涂料表面裂纹宽度大于 1.0mm 时。

④ 涂层平均厚度符合施工组织设计规定的厚度要求，但单点涂层厚度小于设计规定厚度的 85% 时，或涂层厚度虽大于设计规定厚度的 85%，但

未达到规定厚度的涂层连续面积的长度超过 1m 时。

## 二、常用的施工方法

涂料常采用的施工方法有刷涂、辊涂、刮涂、喷涂，与之相应的施工工具有漆刷、排笔、毛辊、刮刀、喷枪、喷斗、空气压缩机、砂纸等。这些方法既可以单独使用，也可互相配合。

### 1. 刷涂

刷涂是涂料施工最常采用的方法之一。通过人工利用漆刷蘸取涂料，对钢结构进行涂装。其操作方便、工具简单、适用范围广，不受场所限制，节省涂料且对涂料的适用性强。

缺点是工效低、溶剂挥发性强，干燥迅速的涂料不适宜刷涂，涂膜外观质量稍差，当操作不熟练时易出现刷痕、流挂、涂层不均匀现象。

（1）刷涂工具

① 漆刷。漆刷是用猪鬃、马尾、羊毛和铁皮制作成的木柄刷，是刷涂法的主要工具。以鬃厚、口齐、根硬、头软但不松散，无断毛和掉毛，蘸溶剂后甩动漆刷而漆刷前端不分开为优良的漆刷。

漆刷的种类很多，按刷毛可分为硬毛刷（多为猪或马鬃制作）和软毛刷（多为羊毛制作）。按漆刷的形状可分为扁形刷、圆形刷、歪柄刷、排笔刷、扁形笔刷、板刷等。

其中，扁形刷最常用，圆形刷、歪柄刷配合扁形刷，用于刷涂形状复杂、不易刷涂的部位。

使用漆刷时，一般直握、握紧，手指不要超过铁皮，依靠手腕来回转动刷涂。刷涂时，漆刷蘸少许涂料，一般只蘸到刷毛的 2/3，轻轻地将漆刷在桶内壁来回各拍打一下，将涂料集中到刷头，然后施工。

新刷使用之前，甩掉灰尘，去掉浮毛，以防涂刷时流下刷纹、刷毛。刷涂中，短时间中断作业，可将刷毛浸泡在溶剂或水中，使用后清洗干净。

② 排笔。排笔由羊毛和油竹管制成，排笔的刷毛较漆刷的鬃毛柔软，适用于涂刷水性涂料，排笔有 4～25 管等多种规格。其中 8 管以下的排笔多用于黏度较小的涂料，10 管以上的排笔主要用于黏度较大的涂料。

使用排笔时，紧握竹排的右上角，拇指压在排笔的另一面，另外四指在另一面或拳形握住，涂刷时要用手腕的上、下、左、右转动来适应排笔的移动，刷完一个表面再刷下一个表面。

排笔蘸漆时，应略松开大拇指，轻轻甩动排笔，刷毛全部浸入涂料，然后在容器内壁轻轻拍打几下，令涂料集中在羊毛的顶部，然后施工。

排笔使用前应去掉松毛，刷涂后，清洗笔毛、持直擦干，再将笔平放，下次使用时，用溶剂浸泡使之溶开。

（2）刷涂操作方法

刷涂通常按涂布、抹平、修整三个步骤进行。涂布是将漆刷刷毛所含的油漆涂布在被涂物表面，可根据所用油漆在钢结构表面的流平情况，根据经验进行刷涂；抹平、修整是指按一定方向刷涂均匀，刷涂完成后，涂料表面应无刷痕及涂膜薄厚不均的现象。

可以遵循自上而下、从左到右、先里后外、先斜后直、先难后易的顺序，纵横刷涂，最后用排笔轻轻抹边缘棱角。对于垂直表面，最后一次刷涂要自上而下，对于水平表面，最后一次刷涂应按光线照射方向进行。

（3）刷涂的注意事项

① 漆刷蘸涂料、涂布、抹平、修整等操作应连贯。

② 在进行涂布和抹平时，漆刷要处于垂直状；修整时，漆刷应向运行的方向倾斜，采用刷毛前端轻轻地修整。

③ 每次的涂料蘸附量和相应的刷涂面积应保持一致。

④ 起刷要轻、刷要重、收刷要轻、刷子要走平。

⑤ 刷涂前应将表面积灰清扫干净，并注意检查遮挡部位。

**2. 辊涂**

通过使用不同类型的辊具，蘸取涂料，在转辊表面形成一定厚度的湿膜，而后与钢结构接触，转辊转动时，可将涂料辊涂在钢结构的表面，该施工方法在建筑涂饰中应用较广，具有操作容易、涂层均匀，涂料的利用率高、工作效率高等优点，比较容易形成自动化生产，手工辊涂的效率较低，但质量较好。该施工方法的缺点是适用范围窄，仅适合在平面底材涂装。

（1）辊涂工具

辊具是主要的操作工具，应用较多的是刷辊，即毛辊。毛辊由长毛的合成纤维纺织品卷贴在辊轴上制成，根据刷毛的长短不同，毛辊可分为长毛

（25mm）、中毛（13mm）、短毛（6mm）；根据毛辊的宽度不同，毛辊可分为4号（102mm）、7号（178mm）、9号（229mm）。

刷毛稍长、细软的毛辊吸浆量大，辊涂时涂料不易流淌，在辊涂黏度小、较稀的涂料时可以选用；刷毛短粗、稍硬的毛辊，可用于辊涂黏度较大的涂料。

（2）辊涂操作方法

滚动辊具进行施工时，应遵循从左至右、从上到下的步骤，可以按W形方式将涂料滚在基层上，然后横向滚匀。两端用力要均匀，回转速度不宜过快。

（3）辊涂的注意事项

① 辊涂前必须先用刷子涂刷滚筒滚不到的边角，然后再大面积地用滚筒辊涂。

② 采用优质滚筒，容易辊刷均匀。

③ 施工时要注意滚筒清洁，完工后要完全清洁滚筒，晒干备用。

**3. 刮涂**

采用刮刀进行手工操作，对黏稠涂料进行厚膜涂装。刮涂的优点是能够填充钢结构表面的不平整部位，但是涂膜的外观不平整，需要打磨。

（1）刮涂工具

刮涂可以采用钢质、玻璃钢、牛角片、木质、硬胶皮等刮刀进行施工，还要配套必要的打磨工具。

（2）刮涂操作方法

刮刀在进行刮涂作业时，应稍向前倾斜，与钢结构表面呈约80°夹角，随着刮刀的移动，涂料不断被刮涂到钢结构表面，刮刀倾斜程度应逐渐增加，至夹角约为30°时，涂料抹涂完全。

刮涂后，应进行刮平，以消除明显的抹痕，可将刮刀向前倾斜，贴附于涂层上，按照刮涂时的运行方向进行。

刮涂后，涂层表面粗糙不平，可进行打磨，以保证涂料表面的平整。

**4. 喷涂**

涂料通过喷枪的喷料嘴，借助于压力或离心力，均匀分散沉积在钢结构表面。包括空气喷涂、高压无气喷涂。其优点在于形成的涂层厚度均匀、平整，施工效率高，适用于大面积饰涂。缺点是喷涂的次数较多、溶剂对环境造成污染。

空气喷涂法采用压缩空气将漆液从储罐中吸上来，在施工中应用非常普遍，但是空气喷涂法的涂料利用率较低。

高压无气喷涂特别适用于厚型涂料，工效高。钢结构的接缝、转角等部位都可以均匀喷射。

（1）喷涂工具

喷涂施工中主要采用的工具是喷涂机，包括喷浆机、喷漆枪、斗式喷枪、空气压缩机和高压空气喷涂机等，都是由压缩机和喷枪两部分组成。

外混式空气喷枪最为常用，根据涂料的供给方式，外混式喷枪可分为吸上式、重力式和压送式三种。比较常用的喷枪是吸上式喷枪，有 PQ-1 型（对嘴式）和 PQ-2 型（扁嘴式）。

（2）喷涂操作方法

进行喷涂作业时，喷料嘴与钢结构表面要垂直，喷枪走直线，匀速移动，喷料嘴中心涂层厚，边缘涂层薄，在喷涂时，后枪喷涂的涂层可以覆盖前枪涂层的一半，涂层厚薄达到一致。

及时补上漏喷之处，流挂的涂料也要及时除掉，在整个施工过程中，连续作业，可到分隔处暂停。

（3）喷涂的注意事项

① 喷涂前涂料须搅拌均匀，过滤，除去杂质。

② 喷涂装置注意清洁、部件的磨损。

③ 带空气压缩机喷涂器的喷涂要点是调好涂料稠度、空压机压力、喷涂距离、喷涂速度，以保证质量。

④ 应注意一般风速超过 5m/s 时不宜进行喷涂施工。一般说来，建筑物每增高 10m，风速约增 1m/s。

⑤ 注意静电火花、溶剂型涂料的火灾安全。

⑥ 喷涂工作完成后，必须将喷枪清洗干净，放在安全和干燥的地方。还应定期拆开喷枪，浸泡在稀释剂中，对零件进行逐个清洗。

**5. 联合施工方法**

在钢结构防火涂料实际施工过程中，不限于采用某种固定方法，而采取各种施工方法组合的联合施工方法,例如,刷涂-喷涂-辊涂联合施工。

### 6. 主要工具

钢结构防火涂装中上述方法都可能用到,一般来说,工程中需要配备的主要机具如表 9-14 所示。

表 9-14　钢结构防火涂装工程主要机具

| 名　　称 | 用　　途 |
| --- | --- |
| 搅拌机 | 配料 |
| 压送式喷涂机 | 厚涂型涂料喷涂 |
| 重力式喷枪 | 薄涂型涂料喷涂 |
| 空气压缩机 | 喷涂 |
| 刮刀 | 涂装 |
| 砂布 | 基层处理 |

## 三、涂膜的弊病

钢结构防火涂料在涂刷过程、使用过程中,很容易出现一些涂层的弊病,其原因复杂,可具体情况具体分析,采取有效的防治措施。

### 1. 开裂

涂层的开裂最为常见。一般认为是涂料本身配方的原因,与涂层本身的应力相关,老化、风化、环境因素恶劣也极易造成这种现象。开裂可以分为细裂和龟裂。

针对水性涂料而言,如果涂膜在低于其 $T_g$ 的温度下成膜,比较容易开裂,与涂膜厚度有一定的关系。涂层越厚,膜内的应力越大。

开裂发生后,涂膜失去黏附力,极易从钢结构表面脱落。因此,在施工前,要注意钢结构不能过于潮湿,两层涂料之间的结合度要适宜,涂层厚度不宜过大。

### 2. 脱落

防火涂料的脱落通常是因为钢结构表面处理失当,涂料养护期间受到碰撞也会出现此类情况。

在施工时，对钢结构应妥善清理防锈，防腐涂装中选择合适的底漆，与钢结构涂料应配套性良好。钢结构的节点、圆柱应注意防止漏涂，在强腐蚀的环境中最容易出现涂料的脱落，注意选择品质优良的防火涂料。

### 3. 空鼓

涂层出现空鼓的质量问题后，涂层下方出现的气体难以释放，被包裹在涂膜内部，导致部分表面高于整体涂膜，往往之后伴随开裂，空鼓的原因也与钢结构表面的清洁度、底漆质量密切相关。

### 4. 起层

涂膜之间的起层常见于维修涂装中，旧涂膜完全固化后，污染物沉降于涂膜，再次涂装极易分层。涂膜过厚，也会导致涂层之间的附着力问题，甚至会从钢结构表面脱落。

### 5. 流挂

涂料的涂装过程中，如果涂料黏度过低、涂膜过厚，涂料会产生流淌，发现时应迅速处理、抹平，在施工中控制好涂料的施工黏度，喷涂压力保持均匀，喷枪与钢结构表面距离适当。

### 6. 橘皮

涂膜干燥后表面出现小皱纹，也称橘纹、皱皮。这种情形下，涂膜会失去光泽。一般溶剂型涂料容易出现此情况，涂料流平性差、一次涂饰过厚、底漆未干透即厚涂第二层漆、干燥时环境温度过高也会导致这种现象的发生，涂装时可以适量增加稀释剂，高温、寒冷、大风时不宜涂刷。

钢结构表面的清理、涂装的工艺、外界环境、其他施工的震动等都会不同程度地影响涂装质量，应严格按照规定程序，减少涂料复工。

## 四、成品保护

钢结构防火涂料施工前后都应对工程进行临时围护隔离，防止碰撞损坏。

室外钢结构防火涂料施工中，如遇五级以上大风以及雨、雪天气禁止施工。工程中遇风、雨等恶劣天气，应覆盖涂膜，防止污染。局部污染部位要及时清理，施工中的不良影响会长期作用于涂层，毁坏涂膜的附着力。

完工涂层应随时检查有无受损，受损部位应及时维护与修理。

涂层的撞击破损处四周打磨，按工艺要求重新涂刷；涂层的焊接损伤处，应打磨、注意防锈处理，涂刷底漆，然后涂刷防火涂料；开裂的涂层及时清除，重新涂刷防火涂料。

## 五、安全环保措施

钢结构防火涂料的施工，应按产品说明书、施工规范、操作规程以及相关国家安全和劳动保护法规进行，确保施工质量，文明施工，确保安全、环保，时刻注意安全防范。

① 认真做好安全技术交底，由经过培训的合格人员操作施工，严格执行施工安全规定，施工现场应戴安全帽、口罩等个人防护用品。高处作业必须系安全带，服从指挥，科学施工。

② 不违章冒险作业。机械、电气设备专人操作并管理，应严格执行有关操作规程，手持电动工具应选用加强型绝缘，并设置漏电安全保护装置，发现隐患及时处理、上报。

③ 溶剂型防火涂料施工时，现场应配备消防器材，严禁明火，设立禁止烟火标志。

④ 施工前做好施工脚手架的搭建，配备安全网等防护设施，不得擅自拆动，脚手架每天使用前应检查，合格后才可使用。

## 第四节 工程验收

## 一、工程验收一般规定

钢结构防火保护工程竣工后，建设单位应组织包括消防监督部门在内的有关单位进行竣工验收，竣工验收时，根据 CECS 200 中对防火涂料保护工程质量控制的规定进行。

检测项目与方法如下：

① 用目视法检测涂料品种与颜色，与选用的样品做对比。

② 用目视法检测涂层颜色及漏涂和裂缝情况，用 0.75～1kg 榔头轻击涂层检测其强度等，用 1m 直尺检测涂层平整度。

③ 检测涂层厚度。

防火涂料施工后必须验收，验收时一般需要提供的资料包括：产品型式认可证书、不同耐火极限的型式检验报告、产品合格证、产品使用说明书、施工工艺；钢结构防火涂料生产单位与工程定货单位签定的订货合同或发票、进场验收记录；钢结构防火涂料施工组织设计方案、消防设计审核意见书、钢结构工程竣工图、消防工程施工合同及防火涂料施工质量自检报告；施工过程和隐蔽工程的检查记录；对施工中不合格项等问题的处理记录；另外，检查现场抽样检测、见证检验报告，钢结构防火涂料施工厚度检验报告及复检报告等有关文件和记录。

各种建筑防火涂料工程现场及抽样检测项目应达到表 9-15 的技术指标。

**表 9-15　防火涂料工程现场及抽样检测项目**

| 产品类型 | 检验项目 | 技术指标 |
| --- | --- | --- |
| 超薄型钢结构防火涂料 | 外观 | 涂层完整、无漏涂，表面平整均匀、色泽一致 |
| | 涂层厚度 | 满足设计要求及检验报告的要求 |
| | 粘接强度 | ≥0.20MPa |
| | 抗裂性 | 不应出现裂纹 |
| | 膨胀性能 | 膨胀倍数≥10 倍 |
| 薄涂型钢结构防火涂料 | 外观 | 涂层完整、无漏涂、表面均匀、色泽一致 |
| | 涂层厚度 | 满足设计要求及检验报告的要求 |
| | 粘接强度 | ≥0.15MPa |
| | 抗裂性 | 每一构件上裂纹不超过 3 条,其宽度应≤0.5mm、长度应≤1mm |
| | 膨胀性能 | 膨胀倍数≥10 倍 |
| 厚涂型钢结构防火涂料 | 外观 | 涂层完整、无漏涂、表面均匀 |
| | 涂层厚度 | 满足设计要求及检验报告的要求 |
| | 粘接强度 | ≥0.04MPa |
| | 抗压强度 | ≥0.3MPa |
| | 抗裂性 | 每一构件上裂纹不超过 3 条,其宽度应≤1mm、长度应≤1m |

## 1. 主控项目

① 钢结构防火涂料的品种和技术性能应符合设计要求，并应经过具有资质的检测机构检测符合现行国家有关标准的规定和设计要求。

检查数量：全数检查。

检查方法：检查产品的质量合格证明文件、中文标志及检验报告等。

② 防火涂料涂装前钢构件表面除锈及防锈漆涂装应符合设计要求和国家现行有关标准的规定。

检查数量：按构件数抽查 10%，且同类构件不应少于 3 件。

检查方法：表面除锈用铲刀检查和用现行国家标准《涂装前钢材表面锈蚀等级和除锈等级》GB 8923 规定的图片对照观察检查。底漆涂装用干漆膜测厚仪检查，每个构件检测 5 处，每处的数值为 3 个相距 50mm 测点涂层干漆膜厚度的平均值。

③ 钢结构防火涂料的粘接强度和抗拉强度应符合国家现行《钢结构防火涂料应用技术规程》（CECS 24—90）标准的规定。检查方法应符合国家现行《建筑构件防火喷涂材料性能试验方法》（GB 9978）标准的规定。

检查数量：每使用 100t 或不足 100t 薄涂型防火涂料应抽检一次粘接强度；每使用 500t 或不足 500t 厚涂型防火涂料应抽检一次粘接强度和抗拉强度。

检查方法：检查复验报告。

④ 薄涂型防火涂料的涂层厚度应符合有关耐火极限的设计要求。厚涂型防火涂料涂层的厚度，80% 及以上面积应符合有关耐火极限的设计要求，且最薄处厚度不应低于设计要求的 85%。

检查数量：按同类构件数抽查 10%，且均不应少于 3 件。

检查方法：采用涂层厚度测量仪、测厚针和钢尺检查。测量方法应符合国家现行标准《钢结构防火涂料应用技术规程》（CECS 24—90）的规定和《钢结构工程施工质量验收规范》（GB 50205—2001）标准中附录 F 的规定。

⑤ 薄涂型防火涂料涂层表面裂纹宽度不应大于 0.5mm；厚涂型防火涂料涂层表面裂纹宽度不应大于 1mm。

检查数量：按同类构件数抽查 10%，且均不应少于 3 件。

检查方法：观察和用尺量检查。

## 2. 一般项目

① 钢结构防火涂料的型号、名称、颜色及有效期应与其产品质量证明文件相符。开启后，不应存在结皮、结块、凝胶等现象。

检查数量：按桶数抽查 5%，且不应少于 3 桶。

检查方法：观察检查。

② 防火涂料涂装基层不应有油污、灰尘和泥沙等污垢。

检查数量：全数检查。

检查方法：观察检查。

③ 防火涂料不应有误涂、漏涂，涂层应闭合无脱层、空鼓、明显凹陷、粉化松散和浮浆等外观缺陷，乳突已剔除。

检查数量：全数检查。

检查方法：观察检查。

## 二、验收方法

① 目测法：检测涂料品种、颜色胶裂缝等情况。

② 工具检测法：用测厚针或卡尺检测涂层厚度，用 0.75～1kg 榔头轻击涂层检测其强度和空鼓现象，用1m 直尺检测涂层平直度。

## 三、验收标准

① 涂层厚度应符合设计要求，如厚度低于原定标准，必须大于原定标准的 85%，且厚度不足部位的连续面积长度不大于1m，并在 5m 范围内不再出现类似情况。

② 涂层应完全闭合，不应露底、漏涂。

③ 涂层不宜出现裂缝，如有个别裂缝其宽度不应大于1mm。

④ 涂层与钢基材之间和各涂层之间应粘接牢固，无空鼓、脱皮和松散等情况。

⑤ 涂层表面应无乳突，有外观要求的部位，母线不直度和失圆度允许偏差不应大于 8mm。

## 四、验收项目

① 在施工现场可以对钢结构防火涂料进行的检验项目包括：在容器中的状态、外观与颜色、初期干燥抗裂性、涂层厚度。

② 耐火性能是钢结构防火涂料最为重要的技术性能，涂层厚度是在施工现场快速检测钢结构防火涂料施工质量的关键性能指标。

③ 施工时钢结构防火涂料的实际喷涂厚度不能进行换算，必须根据耐火极限的检测数据确定。

④ 在施工现场进行质量检测时，涂层厚度是否满足设计要求应以该批次钢结构防火涂料耐火极限的检测数据为依据。

⑤ 在施工现场进行涂层厚度检测时，应以单个构件所有测点的平均值作为该构件的涂层厚度。涂层厚度是否符合设计要求的判定依据是：涂层厚度应满足涂料检验报告的厚度要求，且该检验报告的耐火极限应不低于被涂构件的设计耐火极限。

⑥ 厚型和薄型钢结构防火涂料可以考虑试验室技术条件与施工现场的差异，并取 85％ 的保证率进行涂层厚度计算。而超薄型钢结构防火涂料的计算是否可以取 85％ 的保证率进行涂层厚度计算，还需要大量的试验论证，才能得出科学的结论。

# 第五节　防锈漆和保护面漆

防火涂料作为功能性涂料，具有优越的防火性能。部分防火涂料兼具防腐功能，但是大部分钢结构的防腐依靠防锈漆，钢基材表面除锈和防锈处理应符合要求，尘土等杂物清除干净后，方可进行钢结构防火涂料施工。

在进行防锈漆的选择时，要注意与防火涂料的相容性，相容性好，能提升防火涂料的附着力，避免涂膜弊病，从而保证防火涂料的理化性能，以及在火场中防火性能的发挥。

## 一、防锈漆

### 1. 醇酸漆

醇酸防锈漆作为常见的自干防锈漆，由醇酸树脂、颜料、溶剂、助剂等组成。目前国内钢结构工程上大多采用醇酸防锈漆作为底漆，价格低廉，受高温容易发生老化现象。部分醇酸底漆与丙烯酸类防火涂料之间还会发生咬底现象。

有研究发现，单独使用醇酸调和漆防锈寿命不超过 3 年，涂覆防火涂料后，也很难长期牢固附着。而且火场温度达到 200℃ 时，醇酸漆会发生软化，导致防火涂料脱落，难以实现防火性能。

## 2. 环氧漆

环氧漆由环氧树脂、颜料、固化剂等组成。单组分自干型的环氧底漆，性能逊于双组分涂料。

环氧底漆耐腐蚀性能优良，但是涂膜固化速度慢，部分品种需进行高温固化。采用环氧防锈漆进行防锈处理，须在涂料干透后，涂刷防火涂料，以免溶剂释出，形成鼓包。

钢结构防火涂料的防锈漆选择，一般情况下可选用环氧树脂漆，性能优良，有利于提高涂料对基材的附着强度，实现预期的防火性能。

## 3. 氯化橡胶防锈漆

氯化橡胶漆由氯化橡胶树脂、防锈颜料、填料和助剂组成。其户外耐候性好、附着力强、干燥迅速，一般为单组分施工。在海上建筑、船底防锈领域应用较多，该涂料为易燃物，须远离明火，施工场所保持良好通风。

## 4. 富锌底漆

富锌底漆在防火涂料防锈漆中最为优良，它可以分为环氧富锌底漆和无机富锌底漆两种。无机富锌底漆又可分为溶剂型无机富锌底漆和水性无机富锌底漆两种。

无机富锌底漆为烷基硅酸盐和锌粉组成的富锌底漆，耐热、耐溶剂性能更为优异，对钢结构的保护年限可达10年以上，可耐400℃高温，火灾中不会熔化导致防火涂料失效。无机富锌底漆的施工要求很高，防锈底漆可在钢结构出厂前进行除锈和喷涂，工程现场仅需对破损的底漆修补，即可进行防火涂料施工。

## 5. 酚醛防锈漆

酚醛防锈漆由酚醛树脂、防锈颜料、助剂及溶剂等组成，具有较好的防锈性能、附着力。红丹酚醛防锈漆中需要添加金属铅，严重危害身体健康，生产及使用中需特别注意。目前常用铁红、云铁、硼钡酚醛防锈漆代替。

防火涂料用于钢结构工程前，应进行严格、多类别的产品测试，与各类环氧防锈漆、无机富锌底漆等各类系统进行相容性试验，避免不必要的损失。根据设计要求，钢结构施涂底漆后，一般即可进行防火涂料施工。

## 二、保护面漆

目前防火涂料使用中，没有对耐久性的测试，另外装饰性一般较差，因此防火涂料表面往往会涂饰保护面漆进行封闭，作为防火涂料的保护层，其涂膜致密，与下层防火涂料应有良好的相容性，可以抵抗外界不良环境的侵袭，防止湿气、化学品的渗透，减缓防火涂料的老化。同时还可以装饰美化防火涂料。

防火涂料外罩的面漆包括丙烯酸涂料、聚氨酯涂料、氯化橡胶涂料、硅氧烷类涂料、环氧涂料类等。该类面漆应具有良好的附着力、耐候性、耐化学品性、耐冲击性。

在面漆选择之前应进行试验，一般防火涂料与面漆为同种涂料时，配合度较高。弱溶剂型的面漆可涂覆于强溶剂型的防火涂料表面，如丙烯酸聚氨酯面漆主要用于膨胀型环氧防火涂料，装饰、耐老化作用明显。

# 第十章

# 涂料的进展

## 第一节　面临的问题

采用钢结构防火涂料进行防火保护，方法合理、施工简便，随着经济的发展、社会的进步，得到广泛的应用，在其使用、验收中存在的问题，值得我们思考，以提升行业生命力。

## 一、毒性

### 1. 挥发性有机物

溶剂型防火涂料的耐久性、耐湿性和附着力性能优越，挥发性有机物在有机涂料中大量存在，苯、甲苯等烃类有机物对人体呼吸道、皮肤都会产生明显的有害影响，生产、储存、运输、施工中都有该隐患的存在，对环境污染显著。

我国在 1994 年颁布了《环境标志产品技术要求》，提出环保型涂料在"产品配置或生产过程中不得使用甲醛、卤化物溶剂或芳香族碳氢化合物"；GB 16297—1996《大气污染物综合排放标准》中规定了 33 种大气污染物，对排放限值列出标准，JG/T 415—2013《建筑防火涂料有害物质限量及检测方法》针对不同种类涂料有害物质的限量值做了要求。随着环保意识的提高，溶剂型钢结构防火涂料的环保缺陷日益明显，使用限制越来越多。

### 2. 阻燃体系

防火涂料中的有机阻燃剂，尤其是膨胀型防火涂料的膨胀阻燃体系，火灾发生时，涂料在膨胀过程中会不断地释放有毒气体，大量的烟雾导致人员逃生困难，各种刺激性气体极易导致惨剧发生。

## 二、耐久性

钢结构防火涂料涂覆之后，其作用一般不会立即发挥，火灾的发生不可预料，随着时间的推移，涂料的理化性能会老化失效，粉化、开裂的防火涂料其耐火极限势必发生变化，涂料多年应用之后，是否能够达到检测报告中的耐火极限，其中的危险性难以预料。

## 三、正确选用

钢结构防火涂料品种多样，钢结构工程复杂，构件的耐火极限要求不同，设计、施工中容易混淆，不同的耐火时间要求，涂料的涂覆厚度不同；不同场合采用的钢结构防火涂料品种大不相同，极易发生错误选用，导致钢结构的耐火极限不满足工程要求。

部分使用单位对工程的防火重要性有认识误区，不按照设计要求选用正确的涂料，达不到防火要求，形成防火隐患。

## 四、涂料生产

我国产品市场乱象横生，防火涂料假冒伪劣层出不穷，违法的生产、销售从源头上将劣质产品流入市场，工程质量堪忧。

## 五、涂料施工

钢结构防火涂料施工目前外包较常见，因此施工队伍处于无序、无监管状态，施工人员为降低成本，偷工减料，不按要求工艺进行涂覆，任意减少涂层厚度。

## 六、涂料监督

我国防火涂料市场庞大，消防部门责任重大，肩负市场准入、逐出机制的执行，管理的真空、灰色地带造成防火涂料工程的隐患。

## 七、涂料检测

部分检测单位受利益驱使，不按标准要求，在对抽检数量、品种、涂料厚度等相关项目进行检测时，把关不严，形成假报告，误导消防监督机构的验收。

## 第二节　发展前景

随着建筑业的发展，钢结构防火涂料的需求在逐渐增加，发展前景可观。存在的问题都有解决的办法，行业的发展、标准的完善、法规的健全等都能为其良性迅猛发展提供出路。

## 一、行业前景

目前制造行业的发展趋势呈规模化、集团化发展，大型企业具有天然的优势，形成行业垄断，其产品技术、市场销售模式也比较具备突破性。因此钢结构防火涂料厂家结合生产、销售等因素，加强产品竞争能力，扩大规模、提升资产，愈发能够在竞争中立足和发展，随着传统行业的调整，激发了部分潜在需求，结合新兴行业，充分发挥优势，争取在部分产品领域占据全球化市场。

目前行业领域内存在无序竞争、低价取胜的状况，可通过产品的差异化，形成行业亮点，走向市场高端，提升整体品质，为产业提供更好的发展。

## 二、技术前景

钢结构防火涂料的技术水平在不断攀升，无机涂料、纳米涂料、水性涂料等符合环保绿色发展主题，同时具备优越的产品性能，具有较好的技术前景。

### 1. 非膨胀型防火涂料

非膨胀型防火涂料的技术特点鲜明，涂层厚、防火时间长，一般情况下，施涂以后厚度合格，耐火极限即可满足要求。

非膨胀型防火涂料的技术发展方向为，提高涂料施涂以后的强度、初期干燥抗裂性等，另外这类涂料过多地依靠矿产资源，受原材料影响明显，替代性原料的寻求和研发也是主题之一。

### 2. 膨胀型防火涂料

膨胀型防火涂料的耐候性、耐热性及耐水性等问题是迫切需要解决的，其环保问题也需不断改善。理化性能的提高，包括提高耐火性能、防止对基材的腐蚀，需要从树脂的开发利用、高性能膨胀材料的研发选用方面突破。

## 三、标准体系

钢结构防火涂料的健康发展，需要标准及法规的完善。耐久性、厚度、施工等方面的问题，都可以通过相关规定予以解决。

防火意识的提高，需从法规体系的完善入手，研究制定出耐久性的评价标准，通过加强监督，整改隐患。

# 第十一章

# 钢结构防火涂料的标准

我国的钢结构防火涂料经过 40 多年的发展，钢结构防火涂料品种、生产产量大幅度地增加和提高。为了对其质量进行控制，近年来制定了大量的涂料生产、施工、性能以及配套产品的标准。我国钢结构防火涂料标准的类别有：国家标准、行业标准、地方标准、企业标准。钢结构防火涂料与一般的化工产品不同，钢结构防火涂料产品的性能包括涂料本身的性能、涂料施工性能、涂膜一般性能和特殊保护性能。下面将有关钢结构防火涂料性能的国家标准、行业标准汇总如下。

## 一、法规

《中华人民共和国消防法》

《消防产品监督管理规定》 公安部 国家工商行政管理总局 国家质量监督检验检疫总局令第 122 号

《消防产品技术鉴定工作规范》 公消［2012］348 号

《防火材料产品强制性认证实施细则》 编号：CCCF-HZFH-01（A/0）

《强制性产品认证实施规则 火灾防护产品》 编号：CNCA-C18-02：2014

## 二、国标

《钢结构防火涂料》GB 14907—2002

《建筑设计防火规范》GB 50016—2014

《钢结构工程施工质量验收规范》GB 50205—2001

《建筑工程施工质量验收统一标准》GB 50300—2001

《涂覆涂料前钢材表面处理 表面清洁度的目视评定》GB 8923—2011

《建筑构件耐火试验方法 第1部分：通用要求》GB/T 9978.1—2008

《建筑通风和排烟系统用防火阀门》GB 15930—2007

《飞机库设计防火规范》GB 50284—2008

《石油化工企业设计防火规范》GB 50160—2008

《漆膜 腻子膜干燥时间测定法》GB/T 1728—1979

《漆膜耐水性测定法》GB/T 1733—1993

《涂覆涂料前钢材表面处理 表面清洁度的目视评定 第1部分：未涂覆过的钢材表面和全面清除原有涂层后的钢材表面的锈蚀等级和处理等级》GB/T 8923.1—2011

《色漆和清漆 防护涂料体系对钢结构的防腐蚀保护 第5部分》GB/T 30790.5—2014

《钢结构防护涂装通用技术条件》GB/T 28699—2012

## 三、行标

《建筑钢结构防火技术规范》CECS 200—2006

《建筑构件用防火保护材料通用要求》GA/T 110—2013

《钢结构防火涂料应用技术规范》CECS 24—90

《钢结构防腐蚀涂装技术规程》CECS 343—2013

《石油化工钢结构防火保护技术规范》SH/T 3137—2013

《建筑防火涂料有害物质限量及检测方法》JG/T 415—2013

## 四、地标

《建筑结构长城杯工程质量评审标准》DBJ/T01-69—2003

《建筑防火涂料（板）工程设计、施工与验收规程》DB11/1245—2015

《建筑钢结构防火技术规程》DG-TJ08-008—2000

《钢结构防火涂料工程施工验收规范》DB29-134—2005

## 五、图集

《民用建筑钢结构防火构造》06SG501

《钢结构施工图参数表示方法制图规则和构造详图》08SG115-1

《轻型钢结构设计实例》08CG031

《钢结构设计图实例——多、高层钢结构房屋》05CG02

《钢结构设计示例——单层工业厂房》06CG04

# 附 录

# 全国部分钢结构防火涂料生产企业名录

| 公司名称 | 产品名称 | 产品型号 |
|---|---|---|
| 北京金隅涂料有限责任公司 | 室内超薄型钢结构防火涂料 | NCB(BTCB-1)(涂层厚度:1.88mm,耐火性能试验时间:120min)(主型) |
| | 室内薄型钢结构防火涂料 | NB(SB-2)(涂层厚度:4.6mm,耐火性能试验时间:150min) |
| | 室内厚型钢结构防火涂料 | NH(STI-A)(涂层厚度:24mm,耐火性能试验时间:180min) |
| | 室外超薄型钢结构防火涂料 | WCB(涂层厚度:2.02mm,耐火性能试验时间:120min) |
| | 室外薄型钢结构防火涂料 | WB(MTWB-1)(涂层厚度:4.5mm,耐火性能试验时间:120min) |
| | 室外厚型钢结构防火涂料 | WH(STI-C)(涂层厚度:24mm,耐火性能试验时间:180min) |
| 北京睿安天地消防工程有限公司 | 室内超薄型钢结构防火涂料 | NCB(涂层厚度:2.18mm,耐火性能试验时间:120min)(主型) |
| | 室内厚型钢结构防火涂料 | NH(SJS-03)(涂层厚度:25mm,耐火性能试验时间:180min) |
| 北京天佐消防产品有限公司 | 室内超薄型钢结构防火涂料 | NCB(IFRC-999)(涂层厚度:2.16mm,耐火性能试验时间:120min)(主型) |
| 北京市泓华保厦防火材料有限责任公司 | 室内超薄型钢结构防火涂料 | NCB(BS-201)(涂层厚度:2.14mm,耐火性能试验时间:120min)(主型) |
| | 室内厚型钢结构防火涂料 | NH(BS-103)(涂层厚度:24mm,耐火性能试验时间:180min) |

续表

| 公司名称 | 产品名称 | 产品型号 |
|---|---|---|
| 北京凌鹰科技发展有限公司 | 室内超薄型钢结构防火涂料 | NCB(NCB-LY-01)(涂层厚度:2.15mm,耐火性能试验时间:120min)(主型) |
| | 室内厚型钢结构防火涂料 | NH(NH-LY-03)(涂层厚度:24mm,耐火性能试验时间:180min) |
| 北京金宝顺成防火材料有限公司 | 室内超薄型钢结构防火涂料 | NCB(JB-603)(涂层厚度:2.13mm,耐火性能试验时间:120min)(主型) |
| | 室内厚型钢结构防火涂料 | NH(JB-601)(涂层厚度:23mm,耐火性能试验时间:180min) |
| 北京华成防火涂料有限公司 | 室内超薄型钢结构防火涂料 | NCB(ZS-06)(涂层厚度:2.14mm,耐火性能试验时间:120min)(主型) |
| | 室内厚型钢结构防火涂料 | NH(ZS-08)(涂层厚度:24mm,耐火性能试验时间:180min) |
| 北京天安普宁消防材料厂 | 室内超薄型钢结构防火涂料 | NCB(TAPN-02)(涂层厚度:2.14mm,耐火性能试验时间:120min)(主型) |
| | 室内厚型钢结构防火涂料 | NH(TAPN-02)(涂层厚度:25mm,耐火性能试验时间:180min) |
| 北京平安天宇科技有限公司 | 室内超薄型钢结构防火涂料 | NCB(PA-GB)(涂层厚度:2.14mm,耐火性能试验时间:120min)(主型) |
| | 室外厚型钢结构防火涂料 | WH(PA-G)(涂层厚度:23mm,耐火性能试验时间:180min) |
| 北京景泰消防科技有限公司 | 室内超薄型钢结构防火涂料 | NCB(JT-02)(涂层厚度:2.17mm,耐火性能试验时间:120min)(主型) |
| | 室内厚型钢结构防火涂料 | NH(JT-02)(涂层厚度:24mm,耐火性能试验时间:180min) |
| 北京飞虹网架制造中心 | 室内超薄型钢结构防火涂料 | NCB(FH-01)(涂层厚度:2.19mm,耐火性能试验时间:140min)(主型) |
| | 室内薄型钢结构防火涂料 | NB(FH-02)(涂层厚度:5.4mm,耐火性能试验时间:150min) |
| | 室内厚型钢结构防火涂料 | NH(FH-03)(涂层厚度:23mm,耐火性能试验时间:180min) |
| | 室外超薄型钢结构防火涂料 | WCB(FH-04)(涂层厚度:2.15mm,耐火性能试验时间:132min) |
| | 室外薄型钢结构防火涂料 | WB(FH-05)(涂层厚度:4.5mm,耐火性能试验时间:168min) |
| | 室外厚型钢结构防火涂料 | WH(FH-06)(涂层厚度:24mm,耐火性能试验时间:180min) |

| 公司名称 | 产品名称 | 产品型号 |
|---|---|---|
| 北京茂源防火材料厂 | 室内超薄型钢结构防火涂料 | NCB(JF-203)(涂层厚度:2.09mm,耐火性能试验时间:120min)(主型) |
| | 室内薄型钢结构防火涂料 | NB(JF-206)(涂层厚度:5.3mm,耐火性能试验时间:150min) |
| | 室内厚型钢结构防火涂料 | NH(JF-202)(涂层厚度:23mm,耐火性能试验时间:180min) |
| | 室外薄型钢结构防火涂料 | WB(JF-206)(涂层厚度:5.3mm,耐火性能试验时间:150min) |
| | 室外厚型钢结构防火涂料 | WH(JF-202)(涂层厚度:23mm,耐火性能试验时间:180min) |
| 北京中天恒安消防材料有限公司 | 室内超薄型钢结构防火涂料 | NCB(ZT-01)(涂层厚度:2.12mm,耐火性能试验时间:120min)(主型) |
| | 室内薄型钢结构防火涂料 | NB(ZT-02)(涂层厚度:5.4mm,耐火性能试验时间:150min) |
| | 室内厚型钢结构防火涂料 | NH(ZT-03)(涂层厚度:23mm,耐火性能试验时间:180min) |
| 北京永安华夏科技有限公司 | 室内超薄型钢结构防火涂料 | NCB(YA-CB-01)(涂层厚度:2.15mm,耐火性能试验时间:120min)(主型) |
| | 室内薄型钢结构防火涂料 | NB(YA-B-01)(涂层厚度:4.5mm,耐火性能试验时间:150min) |
| | 室内厚型钢结构防火涂料 | NH(YA-H-01)(涂层厚度:24mm,耐火性能试验时间:180min) |
| 北京市东安科技发展有限责任公司 | 室内超薄型钢结构防火涂料 | NCB(DA-G)(涂层厚度:2.14mm,耐火性能试验时间:120min)(主型) |
| | 室内薄型钢结构防火涂料 | NB(DA-G)(涂层厚度:5.4mm,耐火性能试验时间:150min) |
| | 室内厚型钢结构防火涂料 | NH(DA-G)(涂层厚度:23mm,耐火性能试验时间:180min) |
| 北京昊天防火材料厂 | 室内超薄型钢结构防火涂料 | NCB(BF)(涂层厚度:1.81mm,耐火性能试验时间:90min)(主型) |
| | 室内薄型钢结构防火涂料 | NB(AE)(涂层厚度:4.9mm,耐火性能试验时间:150min) |
| | 室内厚型钢结构防火涂料 | NH(HT-A)(涂层厚度:23mm,耐火性能试验时间:180min) |
| | 室外薄型钢结构防火涂料 | WB(A-8)(涂层厚度:4.8mm,耐火性能试验时间:120min) |
| | 室外厚型钢结构防火涂料 | WH(HT-B)(涂层厚度:23mm,耐火性能试验时间:180min) |

续表

| 公司名称 | 产品名称 | 产品型号 |
| --- | --- | --- |
| 北京慕成防火绝热特种材料有限公司 | 室内超薄型钢结构防火涂料 | NCB(FIREAL 231N)(涂层厚度:2.15mm,耐火性能试验时间:120min)(主型) |
| | 室外超薄型钢结构防火涂料 | WCB(FIREAL 231W)(涂层厚度:2.16mm,耐火性能试验时间:120min) |
| | 室外薄型钢结构防火涂料 | WB(FIREAL635)(涂层厚度:5.0mm,耐火性能试验时间:120min) |
| | 室外薄型钢结构防火涂料 | WB(FIREAL832)(涂层厚度:5.5mm,耐火性能试验时间:150min) |
| | 室外厚型钢结构防火涂料 | WH(FIREAL501)(涂层厚度:25mm,耐火性能试验时间:180min) |
| 北京常文厚防火涂料有限公司 | 室内超薄型钢结构防火涂料 | NCB(CX-890)(涂层厚度:2.12mm,耐火性能试验时间:120min)(主型) |
| | 室内薄型钢结构防火涂料 | NB(CX-888)(涂层厚度:5.4mm,耐火性能试验时间:150min) |
| | 室内厚型钢结构防火涂料 | NH(CX-889)(涂层厚度:23mm,耐火性能试验时间:180min) |
| 北京拓展伟业科技发展有限公司 | 室内超薄型钢结构防火涂料 | NCB(TZWY-03)(涂层厚度:1.95mm,耐火性能试验时间:90min) |
| | 室内薄型钢结构防火涂料 | NB(TZWY-01)(涂层厚度:5.4mm,耐火性能试验时间:150min) |
| | 室内厚型钢结构防火涂料 | NH(TZWY-04)(涂层厚度:23mm,耐火性能试验时间:180min) |
| 北京泰泽世纪防火材料有限公司 | 室内超薄型钢结构防火涂料 | NCB(TZ-10)(涂层厚度:1.81mm,耐火性能试验时间:90min) |
| | 室内薄型钢结构防火涂料 | NB(TZ-11)(涂层厚度:5.4mm,耐火性能试验时间:150min) |
| | 室内厚型钢结构防火涂料 | NH(TZ-12)(涂层厚度:23mm,耐火性能试验时间:180min) |
| | 室外超薄型钢结构防火涂料 | WCB(TZ-20)(涂层厚度:2.16mm,耐火性能试验时间:120min) |
| | 室外厚型钢结构防火涂料 | WH(TZ-22)(涂层厚度:25mm,耐火性能试验时间:180min) |

| 公司名称 | 产品名称 | 产品型号 |
|---|---|---|
| 北京鑫淼润泽消防工程有限公司 | 室内超薄型钢结构防火涂料 | NCB(XMRZ-03)(涂层厚度:2.16mm,耐火性能试验时间:120min) |
| | 室内薄型钢结构防火涂料 | NB(XMRZ-07)(涂层厚度:5.5mm,耐火性能试验时间:150min) |
| | 室内厚型钢结构防火涂料 | NH(XMRZ-06)(涂层厚度:24mm,耐火性能试验时间:180min) |
| 中航百慕新材料技术工程股份有限公司 | 室内超薄型钢结构防火涂料 | NCB(GJ-3)(涂层厚度:1.86mm,耐火性能试验时间:60min) |
| 北京保得利涂料有限公司 | 室内超薄型钢结构防火涂料 | NCB(涂层厚度:2.13mm,耐火性能试验时间:120min) |
| | 室内薄型钢结构防火涂料 | NB(涂层厚度:5.5mm,耐火性能试验时间:150min) |
| | 室内厚型钢结构防火涂料 | NH 25mm(涂层厚度:23mm,耐火性能试验时间:180min) |
| 精碳伟业(北京)科技有限公司 | 室内超薄型钢结构防火涂料 | NCB-NECA-01(涂层厚度:2.00mm,耐火性能试验时间:90min) |
| 北京城建天宁防火材料有限公司 | 室内薄型钢结构防火涂料 | NB(TN-LB)(涂层厚度:5.4mm,耐火性能试验时间:150min) |
| | 室内厚型钢结构防火涂料 | NH(TN-LS)(涂层厚度:23mm,耐火性能试验时间:180min) |
| 北京赛格斯科技有限公司 | 室内厚型钢结构防火涂料 | NH(MK-6/HY)(涂层厚度:25mm,耐火性能试验时间:180min) |
| 北京兴坤防火材料有限公司 | 室内厚型钢结构防火涂料 | NH(XK-601)(涂层厚度:24mm,耐火性能试验时间:180min) |
| 北京长河特种涂料厂 | 室外薄型钢结构防火涂料 | WB(WB-C2)(涂层厚度:5.0mm,耐火性能试验时间:120min) |
| | 室外厚型钢结构防火涂料 | WH(WH-Z68)(涂层厚度:23mm,耐火性能试验时间:180min) |
| 石家庄鑫龙海保温隔热防火材料科技有限公司 | 室内超薄型钢结构防火涂料 | NCB(XLH)(涂层厚度:2.12mm,耐火性能试验时间:120min) |
| | 室内薄型钢结构防火涂料 | NB(XLH)(涂层厚度:5.4mm,耐火性能试验时间:150min) |
| | 室内厚型钢结构防火涂料 | NH(XLH-HG-A25)(涂层厚度:23mm,耐火性能试验时间:180min) |

续表

| 公司名称 | 产品名称 | 产品型号 |
|---|---|---|
| 四国化研(上海)有限公司 | 室内超薄型钢结构防火涂料 | NCB(SKK)(涂层厚度:2.11mm,耐火性能试验时间:84min)(主型) |
| | 室内厚型钢结构防火涂料 | NH(SKK)(涂层厚度:24mm,耐火性能试验时间:180min) |
| | 室外薄型钢结构防火涂料 | WB(SKK)Ⅰ(涂层厚度:5.0mm,耐火性能试验时间:138min) |
| | 室外厚型钢结构防火涂料 | WH(SKK)(涂层厚度:24mm,耐火性能试验时间:180min) |
| 上海藤申防火建筑材料有限公司 | 室内超薄型钢结构防火涂料 | NCB(TS)(涂层厚度:2.06mm,耐火性能试验时间:120min)(主型) |
| | 室内厚型钢结构防火涂料 | NH(TS-NH)(涂层厚度:26mm,耐火性能试验时间:180min) |
| 立邦涂料(中国)有限公司 | 室内超薄型钢结构防火涂料 | NCB(TAIKALITT S-100)(涂层厚度:2.18mm,耐火性能试验时间:120min) |
| | 室外超薄型钢结构防火涂料 | WCB(TAIKALITTS-100)(涂层厚度:2.20mm,耐火性能试验时间:96min) |
| 西卡(中国)有限公司 | 室外超薄型钢结构防火涂料 | WCB(Sika Unitherm 38091 exterior)(涂层厚度:1.99mm,耐火性能试验时间:120min) |
| | 室外超薄型钢结构防火涂料 | WCB(Pyroplast-ST200)(涂层厚度:2.18mm,耐火性能试验时间:132min)(主型) |
| 海虹老人涂料(中国)有限公司 | 室外超薄型钢结构防火涂料 | WCB(HEMPACORE ONE 43600)(涂层厚度:2.01mm,耐火性能试验时间:114min) |
| 河南奥威斯科技集团有限公司 | 室内超薄型钢结构防火涂料 | NCB-AWS(涂层厚度:2.04mm,耐火性能试验时间:138min) |
| | 室内薄型钢结构防火涂料 | NB-AWS(涂层厚度:4.5mm,耐火性能试验时间:180min) |
| | 室内厚型钢结构防火涂料 | NH-AWS(涂层厚度:27mm,耐火性能试验时间:186min) |
| | 室外超薄型钢结构防火涂料 | WCB-AWS(涂层厚度:2.02mm,耐火性能试验时间:138min) |
| | 室外薄型钢结构防火涂料 | WB-AWS(涂层厚度:4.5mm,耐火性能试验时间:180min) |
| | 室外厚型钢结构防火涂料 | WH-AWS(涂层厚度:27mm,耐火性能试验时间:186min) |

续表

| 公司名称 | 产品名称 | 产品型号 |
|---|---|---|
| 广州市泰堡防火材料有限公司 | 室内超薄型钢结构防火涂料 | NCB(KFR-1)(涂层厚度:1.99mm,耐火性能试验时间:120min)(主型) |
| | 室外薄型钢结构防火涂料 | WB(TB)(涂层厚度:4.8mm,耐火性能试验时间:180min) |
| | 室外厚型钢结构防火涂料 | WH(TB)(涂层厚度:25mm,耐火性能试验时间:180min) |
| 大连福嘉防火建筑材料有限公司 | 室内超薄型钢结构防火涂料 | NCB(BS-4)(涂层厚度:2.18mm,耐火性能试验时间:120min) |
| | 室内厚型钢结构防火涂料 | NH(HS-2)(涂层厚度:23mm,耐火性能试验时间:180min) |
| | 室外厚型钢结构防火涂料 | WH(HS-2)(涂层厚度:23mm,耐火性能试验时间:180min) |
| 山东圣光化工集团有限公司 | 室内超薄型钢结构防火涂料 | NCB-1(涂层厚度:2.10mm,耐火性能试验时间:120min)(主型) |
| | 室外超薄型钢结构防火涂料 | WCB-1(涂层厚度:2.15mm,耐火性能试验时间:120min) |
| | 室外薄型钢结构防火涂料 | WB-1(涂层厚度:4.8mm,耐火性能试验时间:180min) |
| | 室外厚型钢结构防火涂料 | WH-1(涂层厚度:24mm,耐火性能试验时间:180min) |
| 烟台昊森防火涂料有限公司 | 室内超薄型钢结构防火涂料 | NCB-HS(涂层厚度:2.17mm,耐火性能试验时间:120min)(主型) |
| 青岛乐化科技有限公司 | 室内超薄型钢结构防火涂料 | NCB(LF8200)(涂层厚度:2.12mm,耐火性能试验时间:120min)(主型) |
| | 室外超薄型钢结构防火涂料 | WCB(LF8300)(涂层厚度:2.15mm,耐火性能试验时间:120min) |
| 烟台新华盛工业有限公司 | 室内超薄型钢结构防火涂料 | NCB(HS-NCB)(涂层厚度:2.18mm,耐火性能试验时间:120min) |
| | 室内厚型钢结构防火涂料 | NH(HS-NH)(涂层厚度:24mm,耐火性能试验时间:180min) |
| 烟台金润核电材料股份有限公司 | 室内超薄型钢结构防火涂料 | NCB(JR-NCB)(涂层厚度:2.14mm,耐火性能试验时间:120min) |
| | 室内厚型钢结构防火涂料 | NH(JR-NH)(涂层厚度:23mm,耐火性能试验时间:180min) |

续表

| 公司名称 | 产品名称 | 产品型号 |
|---|---|---|
| 海洋化工研究院有限公司 | 室外薄型钢结构防火涂料 | WB(EHF-1)(涂层厚度:5.5mm,耐火性能试验时间:60min) |
| | 室外厚型钢结构防火涂料 | WH(OSHM-1)(涂层厚度:26mm,耐火性能试验时间:132min) |
| 江苏兰陵高分子材料有限公司 | 室内超薄型钢结构防火涂料 | NCB(SF)(涂层厚度:1.96mm,耐火性能试验时间:120min)(主型) |
| | 室内薄型钢结构防火涂料 | NB(SC-2)(涂层厚度:4.9mm,耐火性能试验时间:180min) |
| | 室内厚型钢结构防火涂料 | NH(LG)(涂层厚度:26mm,耐火性能试验时间:180min) |
| | 室外超薄型钢结构防火涂料 | WCB(SF)(涂层厚度:2.11mm,耐火性能试验时间:120min) |
| | 室外薄型钢结构防火涂料 | WB(SC-2)(涂层厚度:4.8mm,耐火性能试验时间:180min) |
| | 室外厚型钢结构防火涂料 | WH(LG)(涂层厚度:27mm,耐火性能试验时间:180min) |
| 佐敦涂料(张家港)有限公司 | 室内超薄型钢结构防火涂料 | NCB(Steelmaster60/120)(涂层厚度:2.03mm,耐火性能试验时间:120min)(主型) |
| | 室内超薄型钢结构防火涂料 | NCB(Steelmaster 60WB)(涂层厚度:2.04mm,耐火性能试验时间:120min)(主型) |
| | 室外超薄型钢结构防火涂料 | WCB(Steelmaster 120SB)(涂层厚度:2.05mm,耐火性能试验时间:120min) |
| 南京百乐莱斯建筑消防技术有限公司 | 室内超薄型钢结构防火涂料 | NCB(YS-Ⅲ)(涂层厚度:2.13mm,耐火性能试验时间:120min) |
| | 室内超薄型钢结构防火涂料 | (NCB)GJ-01(涂层厚度:2.13mm,耐火性能试验时间:102min)(主型) |
| | 室内薄型钢结构防火涂料 | NB(YS-Ⅰ)(涂层厚度:4.5mm,耐火性能试验时间:150min) |
| | 室内厚型钢结构防火涂料 | NH(YS-Ⅱ)(涂层厚度:23mm,耐火性能试验时间:180min)(主型) |
| 庞贝捷涂料(昆山)有限公司 | 室外超薄型钢结构防火涂料 | WCB(Steelguard FM 550)(涂层厚度:1.99mm,耐火性能试验时间:120min) |

| 公司名称 | 产品名称 | 产品型号 |
|---|---|---|
| 阿克苏诺贝尔防护涂料（苏州）有限公司 | 室外超薄型钢结构防火涂料 | WCB(Interchar 1983)（涂层厚度：2.12mm,耐火性能试验时间：108min） |
| | 室外薄型钢结构防火涂料 | WB(chartek 1709)（涂层厚度：4.7mm,耐火性能试验时间：125min） |
| | 室内超薄型钢结构防火涂料 | NCB(Interchar1120)（涂层厚度：2.14mm,耐火性能试验时间：130min）（主型） |
| 韩国新盛国际贸易有限公司 | 室外厚型钢结构防火涂料 | WH(Promat Cafco FENDOLITE MII)（涂层厚度：24mm,耐火性能试验时间：180min） |

# ◆ 参考文献 ◆

[1] 徐晓楠，周政懋. 防火涂料 [M]. 北京：化学工业出版社，2004.

[2] 徐峰. 建筑涂料与涂装技术 [M]. 北京：化学工业出版社，1998.

[3] 张泽江. 可膨胀石墨在阻燃材料中的应用与发展 [J]. 消防技术与产品信息，2001，(7)：21-23.

[4] 邹敏，王琪琳，马光强，等. 纳米 $TiO_2$ 改善钢结构防火涂料的性能研究 [J]. 四川大学学报：自然科学版，2006（4）：864-867.

[5] 甘子琼，戚天游，肖华荣. 钢结构防火涂料现状及其发展 [J]. 涂料工业，2004（3）：42-46.

[6] 杨勤峰，高虹，张静元. 国内钢结构纳米防火涂料的研究现状与展望 [J]. 辽宁化工，2006（9）：547-549.

[7] 覃文清，李风. 材料表面涂层防火阻燃技术 [M]. 北京：化学工业出版社，2004.

[8] 魏冉冉. 钢结构防火涂料应用的现状 [J]. 科技资讯，2010，17.

[9] 段春花. 钢结构防火涂料工程的质量通病及防治措施 [J]. 山西建筑，2008，12.

[10] 王受谦，杨淑贞. 防腐蚀涂料与涂装技术 [M]. 北京：化学工业出版社，2002.

[11] 刘新，时虎. 钢结构防腐蚀和防火涂装 [M]. 北京：化学工业出版社，2004.

[12] 卢少忠. 建筑涂料工程：性能·生产·施工 [M]. 北京：中国建材工业出版社，2007.

[13] 钢结构设计手册编辑委员会. 钢结构设计手册 [M]. 北京：中国建筑工业出版社，2004.

[14] 王霞，杨帆. 现代建筑涂料 树脂合成与配方设计 [M]. 上海：上海交通大学出版社，2005.

[15] 耿耀宗. 新型建筑涂料的生产与施工 [M]. 石家庄：河北科学技术出版社，1996.

[16] 欧育湘. 实用阻燃技术 [M]. 北京：化学工业出版社，2002.

[17] 孙玉兴，董亮. 防腐蚀及防火涂料在钢结构中的应用 [J]. 空间结构，2002，12.

[18] 李学燕. 实用环保型建筑涂料与涂装 [M]. 北京：科学技术文献出版社，2006.

[19] 王学谦. 建筑防火禁忌手册 [M]. 北京：中国建筑工业出版社，2002.

[20] 沈春林. 聚合物水泥防水涂料 [M]. 北京：化学工业出版社，2003.

[21] 王国建，张小翠，汪新民. 乳液型膨胀防火涂料的研究——影响涂料防火性能的其他因素 [J]. 建筑材料学报，1999（3）：145-148.

[22] 武利民，李丹，游波. 现代涂料配方设计 [M]. 北京：化学工业出版社，2002.

［23］　张树平．建筑防火设计［M］．北京：中国建筑工业出版社，2001.

［24］　杨卫疆，诸秋萍，陆亨荣．膨胀型防火涂料炭化层形成过程的探讨［J］．化学建树，2001（6）：20-23.

［25］　黄元森，殷铭．新编涂料品种的开发配方与工艺手册［M］．北京：化学工业出版社，2002.

［26］　刘庆恩．钢结构防火涂料的研究现状、存在问题和发展前景［J］．有色矿冶，2006（8）：50-53.

［27］　尹湘东．钢结构防火涂料的选用与施工探讨［J］．新疆钢铁，2007（1）：49-52.

［28］　梁秋生．建筑涂料一本通［M］．合肥：安徽科学技术出版社，2006.

［29］　陈作璋．新型建筑涂料涂装及标准化［M］．北京：化学工业出版社，2010.

［30］　徐峰．无机涂料与涂装技术［M］．北京：化学工业出版社，2002.

［31］　刘国钦，邹敏．钢结构防火涂料及其发展趋势［J］．攀枝花学院学报，2002（6）.

［32］　李引擎．建筑防火工程［M］．北京：化学工业出版社，2004.

［33］　庞启财．防腐蚀涂料涂装和质量控制［M］．北京：化学工业出版社，2003.

［34］　叶扬祥，潘肇基．涂装技术实用手册［M］．北京：机械工业出版社，1998.

［35］　王国建，刘琳．建筑涂料与涂装［M］．北京：中国轻工业出版社，2002.

［36］　赵敏，孙均利．新型含硼阻燃树脂在防火涂料中的应用研究［C］．第三届全国防火涂料学术与技术研讨会，2012.

［37］　陈晓霞，卫爱民，贾黎君．钢结构防火涂料应用进展．安阳师范学院学报，2007（2）：140-142.

［38］　徐峰，朱晓波，邹侯招．实用建筑涂料技术［M］．北京：化学工业出版社，2003.

［39］　郑雁秋，郭兰忠．浅析钢结构防火涂料应用中的一些问题［J］．消防技术与产品信息，2006（7）：27-29.

［40］　马洪涛．钢结构防火涂料现状及其发展趋势［J］．山东建材，2007（3）：37-41.

［41］　王良伟，钱建民．《钢结构防火涂料通用技术条件》标准修订要点分析［J］．消防科学与技术，2001（2）.

［42］　刘明亮．钢结构防火涂料的一些问题［J］．山西建筑，2003（12）：72-73.

［43］　瞿金清，肖新颜，陈焕钦．钢结构防火涂料研究进展［J］．现代化工，2001，21（2）：13-16.

［44］　王华进，王贤明，管朝祥．超薄型钢结构防火涂料［J］．涂料工业，2001，31（2）：16-18.

［45］　李风，覃文清．钢结构防火涂料的研究与应用［J］．涂料工业，1999（3）：31-34.

［46］　杨春晕，陈兴娟，等．涂料配方设计与制备工艺［M］．北京：化学工业出版社，2003.

［47］　林柏泉，郑新瑛．钢结构的防火保护［J］．黑龙江水利科技，2002（2）.

［48］　张徽，何莉萍，等．富锌环氧涂层的防腐蚀研究［J］．涂料工业，2002（12）.

［49］　田小妹，陈安仁．新型超耐候树脂及涂料的研究与应用［J］．上海化工，1998（22）.

［50］　陈先．功能涂料太阳热反射率测试方法研究［J］．化工新型材料，2000（2）.

［51］　张雄．建筑功能材料［M］．北京：中国建筑工业出版社，2000.

［52］　霍然，等．建筑火灾安全工程导论［M］．合肥：中国科学技术大学出版社，1999.